中国轻工业“十四五”规划教材

U1011236

计算机直接制版技术

Computer to Plate Technology

何颂华　高　媛 / 主　编

刘　铎　王永环
苏小燕　任举旗 / 副主编

中国轻工业出版社

图书在版编目（CIP）数据

计算机直接制版技术 / 何颂华，高媛主编；刘铎等副主编. -- 北京：中国轻工业出版社，2025. 5.

ISBN 978-7-5184-5486-0

Ⅰ. TP391.72

中国国家版本馆CIP数据核字第2025GG7132号

责任编辑：杜宇芳

文字编辑：武代群　　责任终审：高惠京　　设计制作：锋尚设计

策划编辑：杜宇芳　　责任校对：晋　洁　　责任监印：张京华

出版发行：中国轻工业出版社（北京鲁谷东街5号，邮编：100040）

印　　刷：艺堂印刷（天津）有限公司

经　　销：各地新华书店

版　　次：2025年5月第1版第1次印刷

开　　本：787 × 1092　1/16　印张：10

字　　数：160千字

书　　号：ISBN 978-7-5184-5486-0　定价：59.80元

邮购电话：010-85119873

发行电话：010-85119832　010-85119912

网　　址：http://www.chlip.com.cn

Email：club@chlip.com.cn

240785J2X101ZBW

前　言

《计算机直接制版技术》是一本专为印前数字图文处理技术、印刷媒体技术及相关专业学生设计的理论与实践相结合的教材。本书详细阐述了计算机直接制版的原理、技术要点与工作流程，涵盖PDF文件处理、数字拼大版、数字化工作流程、制版机与冲版机操作等核心内容。教材通过企业真实项目案例，搭建具体学习情境，培养学生的专业实操能力和问题解决能力。本书强调理论与实践相结合，旨在为学生未来从事印前处理和制作员岗位提供坚实的技术支撑，是学习与掌握数字印刷技术的理想教材。

《计算机直接制版技术》汇聚了高校专业教师经验、企业专家智慧与企业实际案例。它不仅作为印前数字图文技术、印刷媒体技术、数字图文信息处理技术及包装工程技术等多个专业的必修或选修课程教材，更是一部紧密结合行业需求的实践指南。

本书的内容设计紧密围绕印前处理和制作员（平版制版工）的实际岗位需求，通过与企业专家的深度合作，确保了课程内容的实用性和前沿性。书中详细阐述了计算机直接制版的原理，从PDF文件的生成、预检、修改到数字拼大版的方法及拼版软件的使用，每一步都经过企业专家的精心审核与指导，确保学生能够掌握最实用、最先进的专业技术技能。

在内容编排上遵循了“阶段分层、由简到难、梯次递进”的原则，通过精心设计三个学习情境，将复杂的工作任务转化为易于理解的学习任务，使学生在逐步深入的学习过程中，掌握计算机直接制版的各项技能。书中还包含了丰富的检查与评价，反馈与总结以及巩固与拓展等部分，旨在帮助学生及时检验学习成果，查漏补缺，并通过拓展练习进一步提升自己的综合能力。

综上所述，本书凭借其科学严谨的内容设计、丰富实用的教学资源以及企业专家的共同参与指导，旨在培养学生分析问题、解决问题的能力，为胜任印前处理和制作员岗位提供坚实支撑。本书内容翔实，操作性强，是提升专业技能、了解行业前沿的必备读物。

本书得以面世，得益于编写组成员的智慧与努力，企业专家的实践经验，评审组专家的严谨审查，以及编辑团队的精心打磨。我们对所有参与者的辛勤付出表示最深的敬意和衷心的感谢。愿此书能为行业发展贡献力量！

编者

2024年7月

目录 CONTENTS

项目一　单页单面印刷品计算机直接制版

学生姓名：　　　　　　班级：　　　　　　日期：

学习过程

请你认真阅读并理解学习过程与学习任务，在导师的指导下完成以下学习任务。

1.1 任务与资讯　获取任务资讯信息，明确单页单面印刷品计算机直接制版的任务。

1.2 计划与决策　导师引导，学生小组完成单页单面印刷品计算机直接制版过程方案或计划。

1.3 项目实施　导师指导训练，学生小组完成单页单面印刷品计算机直接制版过程和结果。

1.4 检查与评价　学生和导师对单页单面印刷品计算机直接制版印版做检查与评价，包括自评、互评和导师评价。

1.5 反馈与总结　学生和导师对学习情况做反馈总结。

1.6 巩固与拓展　学生独立完成新任务单页单面印刷品计算机直接制版工作，拓展学习相关的新工艺、新技术或难度更大的内容。

学生姓名： 班级： 日期：

1.1 任务与资讯

1.1.1 学习情境与学习目标

1 学习情境

现有一海报需要制版印刷，已知印刷开纸尺寸为正度四开，使用海德堡SM74印刷机印制，请为该海报进行制版印刷。单页单面印刷品计算机直接制版项目任务书见表1-1。

表 1-1 单页单面印刷品计算机直接制版项目任务书

任务名称	单页单面印刷品计算机直接制版
工作任务内容及要求	现有一海报需要制版印刷，已知印刷开纸尺寸为正度四开，使用海德堡SM74印刷机印制。 请为该海报进行制版印刷，要求如下： ①学会根据正度四开纸张最大印刷面积计算海报成品尺寸（提示：正度全张纸尺寸787mm×1092mm；净尺寸：780mm×1080mm；正度四开纸净尺寸：540mm×390mm；纸张咬口为10mm，拖梢10mm，纸张左右各留10mm）。 ②完成对海报PDF文件的页面尺寸、分辨率、颜色模式等预检和文件修改。 ③制作拼大版模版［印版尺寸745mm×605mm，加页面裁切标记，colorbar标记、套准标记、文本标记、制版标记，使用海德堡SM74四色印刷机印刷（印版咬口59.5mm，纸张叼口10mm）］。 ④使用已创建好的数字化工作流程处理海报PDF文件，得到大版的1-bit tiff文件。 ⑤正确操作制版机和冲版机，输出海报印版。
学习任务	完成 4 个学习任务： ①文件预检。 ②文件修正。 ③数字拼大版。 ④ CTP 印版输出。

学生姓名：　　　　班级：　　　　日期：

② 学习目标

通过单页海报制版项目的学习，要掌握的学习目标见表1-2。

表 1-2　学习目标

序号	学习目标
	素养目标
1	在工作中追求执着专注、精益求精的工匠精神。
2	遵守印刷行业相关法律法规、行业标准规范。
3	团队协作、有效地沟通与表达。
	知识目标
1	能够读懂生产工单、提取与文件预检相关工艺要求。
2	能够获取并理解印前质量项目检查单的要求。
3	能够获取并理解生产工单的要求。
4	能够理解印版、纸张与产品尺寸之间的关系，确定印版模版方案。
5	能够理解裁切线、套准标记、印刷控制条、制版控制条、文本标记的作用。
6	能够掌握自由拼的常用（单张、多张同尺寸、多张多尺寸）拼版方式。
7	能够理解工作环境温湿度的重要性。
	技能目标
1	能够使用文件预检工具，执行文件属性、字体、图像分辨率、页面框和尺寸检查。
2	能够查找并确定检查项的错误点和问题点。
3	能够使用修正工具，执行印前检查文件的字体、图像分辨率、页面框、尺寸的修正。
4	能够正确地选择印版原材料。
5	能够正确地操作制版机完成制版。
6	能够正确地设置冲版机工作状态参数，完成印版冲洗。
7	能够通过目视方式检查印版质量。

学生姓名：　　　　　　班级：　　　　　　日期：

1.1.2 学习方案与学生分组

1 学习方案

为了达成项目的学习目标，请同学们仔细阅读学习安排表1–3和海报学习知识体系表1–4，如有疑问，先记录下来并咨询你的课程导师。

表 1–3 学习安排表

学习方式	学习时长	学习内容	本书资料	设备工具
课堂学习	6 学时	单页单面印刷品计算机直接制版	课堂学习资料	（1）电脑（工作站）安装以下软件： ① Adobe 系列软件 ② CorelDRAW ③ Acrobat Pro ④印通等印前流程软件 ⑤海德堡印通拼大版软件 ⑥第三方 PDF 插件、印版插件 ⑦海德堡 CTP 直接制版机和冲版机 ⑧海德堡 Shooter 制版软件 （2）温度计、湿度计、放大镜等辅助设备 （3）导电仪 （4）空调 （5）UPS（不间断电源）
实训学习 / 岗位学习	10 学时		实训学习资料 / 岗位学习资料 项目训练素材	
自主学习 / 网络学习	2 周内		自主学习资料 知识微课 操作视频 练习素材	

请阅读海报学习知识体系表的内容，整体了解单页海报制版的知识结构与学习路径。请根据学习任务与完成状态情况，在表1–4的学习进度栏中标识出来。

表 1–4 海报学习知识体系表

学习任务	知识类型	知识点学习内容	学习进度 [1]
1. 文件预检 ★★ [2]	核心概念	生产工单	
		页面框	
		出血	
		文件标记	
		尺寸单位	

学生姓名：　　　　班级：　　　　日期：

续表

学习任务	知识类型	知识点学习内容	学习进度
1. 文件预检 ★★[2]	工作原则	优先原则	
		印前质量项目检查规则	
	工作方法和内容	选择检查工具	
		手动检查	
	工作工具	①Acrobat Pro ②第三方插件	
2. 文件修正 ★★	核心概念	字体	
		印刷工艺	
		分辨率	
		文件格式	
	工作方法和内容	执行修正操作	
		验证修正结果	
	工作工具	①设计类软件：Adobe系列软件、CorelDRAW等 ②印通等印前流程软件 ③第三方插件	
3. 数字拼大版 ★★★	核心概念	印刷方式	
		开纸尺寸	
		印版标记	
		咬口	
		合版	
		拼版操作流程	
	工作方法和内容	制定拼版方案	
		执行拼版操作	
	工作工具	①海德堡印通拼大版软件 ②拼版插件 ③设计类软件	
4. CTP 印版输出 ★★★	核心概念	温湿度	
		导电度	
		空气正压	
		阳图、阴图版	
		显影条件	

学生姓名：　　　　　　　　班级：　　　　　　　　日期：

续表

学习任务	知识类型	知识点学习内容	学习进度
4. CTP 印版输出 ★★★	工作原则	曝光原理	
		显影原理	
	工作方法和内容	出版前准备	
		执行制版与冲版操作	
	工作工具	①海德堡CTP GUI ②Shooter ③电脑（工作站） ④温湿度计 ⑤导电仪（操作方法） ⑥空调 ⑦UPS（不间断电源）	

注：1. 学习进度状态标识：若已完成打√，若未完成打×。

2. 标识“星号”指工作过程中任务的重要性与难度。低：★；中：★★；高：★★★。

② 学生分组

学生分组说明：请根据导师的分组要求，在规定的时间内完成学习小组的组建和学习小组长选举。

学生分组与任务分工请见表1-5。

表 1-5　学生分组与任务分工

班级		组名		导师姓名	
小组成员	姓名	学号	姓名	学号	
	角色：学习小组长 （　　　　　　　　）				
任务分工					
备注：					

学生姓名：　　　　　　班级：　　　　　　日期：

1.1.3　获取资讯

为锻炼自学能力，根据单页海报制版学习要求，请同学们先自主学习、自主查询并整理相关概念信息。

关键知识清单如下：生产工单、页面框、出血、文件标记、尺寸单位、字体、印刷工艺、分辨率、文件格式、印刷方式、开纸尺寸、印版标记、咬口、合版、拼版操作流程、温湿度、导电度、空气正压、阳图版、阴图版、显影条件。

学习目标

目标1：正确查询或搜集关键知识清单中的概念性知识内容。

目标2：用自己的语言，初步描述关键知识清单中的概念性知识含义。

学习活动

活动1：查一查

以小组为单位，通过阅读材料、网络查询和相关专业书籍查询，初步理解以上概念性知识。

活动2：说一说

以小组为单位，在组长的带领下，请每位同学用自己的语言说一说对以上概念的理解，可以用图表形式记录下来。

小贴士

通过参与以上学习活动，让你理解相关的专业知识，获得收集资讯的能力，懂得分工、沟通与协作的能力。

学生姓名：　　　　班级：　　　　日期：

1.2 计划与决策

为了完成单页海报制版任务，需要制定合理实施方案。

1.2.1 计划

学习目标

根据导师提供学习材料，能够制定项目实施方案。

学习活动：做一做

请先通过岗位调研或查阅资料，提出自己的实施计划方案，梳理出主要的工作步骤并填写出来，尝试绘制工作流程图。

1.2.2 决策

学习目标

在小组长的带领下，能够根据正度四开纸张最大印刷面积计算海报成品尺寸。

学习活动：选一选 思政点睛：团队协作、沟通与表达

在学习组长的带领下，经过小组讨论比较，针对不同印刷开纸计算出最大可印刷面积和海报成品最大可设计尺寸，并将计算结果填写下来。

小贴士

通过以上学习活动，在制定实施方案过程中，提升归纳总结能力和团队协作能力。

学生姓名：　　　　班级：　　　　日期：

1.3　项目实施

为了完成单页海报制版的项目任务，将从以下4个学习任务进行学习。

1.3.1　学习任务1：文件预检★★

学习目标

表 1-6　单页海报文件预检的学习目标

目标类型	学习目标	学习活动	学习方式
知识目标	能够读懂生产工单、提取与文件预检相关工艺要求	活动 1	自主学习 课堂学习
	能够获取并理解印前质量项目检查单的要求	活动 2	自主学习 课堂学习
技能目标	能够使用印前检查工具，执行文件属性、字体、图像分辨率、页面框和尺寸检查	活动 2	实训学习
	能够查找并确定检查项的错误点和问题点	活动 2	实训学习

学习活动

活动1：选择生产文件的预检工具并确定预检项

根据提供的海报项目生产工单（工程单）信息，获取客户文件并正确选择文件预检工具及确定预检项及预检要求。

表 1-7　海报项目生产工单（工程单）

客户名称	深圳市南山区粤海街道办事处		
产品名称	中国传统节气宣传海报		
订单号	SZPT-202308-P1013		
业务	张文明	方案经理	李杰亭
文件来源	客户新文件● 客户旧文件○		
	FTP ○		

学生姓名： 班级： 日期：

续表

客户名称	深圳市南山区粤海街道办事处
文件来源	百度网盘●
	U 盘或光盘：○ 邮件：○
色样	色样类别：按文件 色样文件路径： 是否要调色 / 跟色：○ 跟色文件路径：
结构尺寸	是否需要结构设计○ 成品尺寸：514mm × 364mm 单页单面
颜色	4 色印刷，按客户文件
纸张	纸张克重：157g 纸张类别：双铜纸 纸张品牌：晨鸣 特种纸 ○
油墨	油墨品牌：____ 特殊油墨：● 普通油墨：○ UV 油墨：○
工艺流程	胶印→裁切
出样类别	成品：○ 数码稿：● 数量：1 份
操作人：	检验人： 日期：

小贴士

生产工单：指生产工作单据，是由工厂下达至车间的产品生产依据，内含产品生产流程中所需的各道工序，以及每道工序的详细工作内容，包括物料规格、工艺要求、生产数量等信息。

学生姓名： 班级： 日期：

阅读材料

根据文件格式和版本优先选择软件，见表1-8。

表 1-8 文件格式与后缀名

后缀名	生成软件	软件功能
.psd	Photoshop	图像处理
.ai	Illustrator	图形制作、排版
.indd	InDesign	图文排版
.cdr	CorelDRAW	图形制作、排版
.pdf	Word\Photoshop\Illustrator\InDesign	文件传输、浏览、加密
.doc	Word	文字办公软件
.xls	Excel	表格办公软件
.ppt	PowerPoint	演示办公软件
.txt	Word\Notbook 等	文本

注：1. 同一软件存在不同版本，在选择软件时应优先使用同一版本的软件，其次为版本接近的软件。

2. 同一软件时，高版本的软件一般能够打开低版本的文件，但低版本的软件无法打开高版本的文件，表现为向下兼容，向上不能兼容。

小贴士

文件格式：文件格式是电脑文件的数据编排方式，简单地说就是文件类型，它与文件的后缀（即扩展名）相对应，比如TIFF格式的文件后缀是TIF，JPEG格式的文件后缀是JPG。文件格式为什么要分这么多类？因为它们存储数据的方式不同，用途不同。比如TIFF格式支持印前分色，JPEG格式支持网页浏览器，它们分别适用于印刷和网页制作，功能不能互换。但同样适用于印刷的TIFF和EPS格式又各有所长，前者支持Alpha通道，后者能够存储矢量图。

学生姓名：　　　　　　　　班级：　　　　　　　　日期：

活动2：印前质量项目检查

根据提供的海报文件（图1–1），使用选定的印前检查工具，请检查文件属性、字体、图像分辨率、页面框、尺寸是否符合印前质量要求（表1–9）并填写印前质量项目检查单（表1–10）。

海报文件 .pdf

图 1–1　海报文件

表 1–9　文件的常见检查项和检查要求

检查事项		常见要求
文件版本（仅对 PDF 文件）		符合输出要求
文件尺寸	Trim box	符合订单要求
	Bleed box	是否有做 3mm 出血位
	Media box	是否 ≥ Bleed box

学生姓名：　　　　　　班级：　　　　　　日期：

续表

检查事项	常见要求
文字	是否缺字体 是否文字转曲线
图片	是否缺连接图
出血位	是否有做 3mm 出血位
安全位	离成品线 2mm 安全位不能有重要的文字图案
图像颜色模式	CMYK
图像分辨率	≥ 300ppi
透明图	不能有透明度图
文字大小	最小文字高度＞ 1.2mm 或者 4point
细线条粗细	最细线条＞ 0.05mm 或 0.14point
黑色文字与线条	是否单黑做叠印
白色对象	是否白色对象做让空
颜色数量	有没有多余的专色
色彩管理问题	是否选择正确的 ICC Profile
文件格式	有没有保存源文件 有没有导出低精度 PDF

注：1. 1point= 0.35mm。

2. 低精度PDF文件（分辨率降低到100ppi或150ppi），在公司中常将其上传至系统，给相关部门人员检查确认。因此，给相关部门人员的文件不需要印刷，为方便传输。

表 1-10　海报印前质量项目检查单

产品名称：　　　　　　　　　　　　　　　　　　　　年　　月　　日

<table>
<tr><td rowspan="8">检查文件</td><td colspan="2">文件接收状况：</td><td colspan="3">修改文件替换记录：</td></tr>
<tr><td colspan="4">成型方式：裁切□　　模切□</td><td>尺寸要求□</td></tr>
<tr><td>文件检查□</td><td>图片检查□</td><td colspan="2">出血检查□</td><td>文字检查□</td></tr>
<tr><td colspan="4">印刷色数：正面四色□　双色□　单色□　专色□
背面四色□　双色□　单色□　专色□</td><td>文件校对□</td></tr>
<tr><td colspan="4">配套工艺：</td><td>特殊工艺：</td></tr>
<tr><td colspan="2">印刷套准线□</td><td colspan="2">印刷标识□</td><td></td></tr>
<tr><td colspan="2">印刷机型□</td><td colspan="2">咬口尺寸□</td><td></td></tr>
<tr><td colspan="3">印版数量：正面 背面</td><td colspan="2">挂网参数：</td></tr>
</table>

学生姓名： 班级： 日期：

续表

<table>
<tr><td rowspan="5">文件信息</td><td>文件存储位置</td><td>服务器□</td><td>桌面□</td><td>其他□</td></tr>
<tr><td rowspan="2">文件存储更新</td><td colspan="3">老文件删除□</td></tr>
<tr><td colspan="3">新文件替换□</td></tr>
<tr><td>印前使用软件</td><td colspan="3"></td></tr>
<tr><td>修改信息记录</td><td colspan="3"></td></tr>
<tr><td rowspan="2">备注</td><td colspan="3" rowspan="2"></td><td>业务员 / 客户签字</td></tr>
<tr><td></td></tr>
<tr><td>作业检查（班长）</td><td colspan="2">文件使用情况□ 拼版情况□
挂网导出参数□ 过往文件处理情况□</td><td>数码印刷情况</td><td></td></tr>
<tr><td colspan="3">制作员：</td><td colspan="2">质检员检查：</td></tr>
</table>

阅读材料1

预飞的概念

文件预飞是指文件在送交印刷商之前或者送交输出设备之前的文件检查过程。预飞这个术语来源于飞行器起飞前的检查，以保证飞机无故障和坠毁。

数字文件的预飞能够防止文件在RIP中出错。在合适的设置下，预飞处理文件像人工检查一样简单，或者通过专门预飞软件，按照一定标准熟练地检查。

1997年，GATF（美国印刷技术基金会）曾对数字文件中常见的问题进行过调查，结果发现，客户提供的数字原稿中，85%都有错误。数字文件中通常存在这样一些问题：丢字、丢失图像、色彩不正确、扫描模式错误、页面设置不当、出血尺寸不对、补漏白不正确、图像分辨率过低或过高等。不少客户承认，他们习惯于用Word或PowerPoint等软件制作文件，在自己的喷墨打印机上打印文件，不熟悉也不习惯使用PageMaker或Quark等专业排版软件，不了解如何按照印刷要求制作文件。再加上一些印刷客户中途轻易更改印刷要求，也容易造成印版制作的返工。这种情况下，典型的印刷活件

学生姓名：　　　　班级：　　　　日期：

的错误修正就成了一项很浪费时间的工作，客户和承印商双方不得不协商解决。

大部分预检也可检查出诸如解像度不足、OPI缺图、分色及专色处理不正常等问题。因此，为了确保印刷的可靠性及稳定性，应对以下功能进行预检：

①补漏白检测。

②陷印处理，幼线陷印保护。

③幼线细字检测。

④确认分色，四色还是带专色处理。

⑤图片解像度检测。

⑥OPI功能检测。

⑦页面尺寸检测。

只有经过预飞，才能避免输出的CTP版有问题，所以出印版前都要作预飞处理。

阅读材料2

印前检查项的问题分析与对策

印前检查是对一个已设计完成的数字印活进行完整分析的过程；是在印活输出前就能发现电子文件和字符有任何不完整或丢失、套色不合适或被忽略、出血不足、页码错误、分色不当以及潜在的装订问题或图像不一致等问题的必要步骤。

一个好的制作人员，首先要熟悉各种菜单及功能，还应该遵守一个好的制作规范，才能做出很出色的文件，一个懂得如何将文件做得尽量小的制作人员，才能称得上是高手。

专业的输出中心在接到客户的输出文件后，都会先对文件进行检查后再

学生姓名：　　　　　　班级：　　　　　　日期：

出片，如果发现错误，一般也会为客户处理掉。但这样做客户并不知道自己设计中所犯的错误，下次可能又会出现同样的错误。也有些输出中心为避免承担责任而不愿意为客户修改，仅对文件做后续检查和输出设置。

为确保输出无误，设计人员自己对输出前文件进行预检是十分必要的。

一般包括以下几项：

1. 检查页面

①检查页面文件的整体尺寸。

②检查成品尺寸。

③检查出血位。

④检查版式。

⑤检查印刷标记。

2. 图片内容检查

①检查链接文件。

②检查图片的颜色模式。

③检查专色。

④检查图片精度。

⑤检查图片格式。

3. 文字内容检查

①检查字体。

②空格定位。

③检查字体效果。

4. 陷印检查

①检查叠印。

②检查四色文字。

③透底的灰度图。

5. 检查渐变色

①色彩过渡不自然。

学生姓名：　　　　　　　　班级：　　　　　　　日期：

②色彩断层。

③渐变色模糊或锯齿状边缘。

列出印前在文件检查过程中的常见问题，并提出相应的对策，见表1–11。

表 1–11　印前常见问题与对策表

检查项目	问题	对策
页面检查	文件尺寸与工单对不上	反馈给客户重来文件；用相关软件修改 PDF 文件尺寸
	文件页数与工单对不上	反馈给客户重来文件
	文件没有出血	反馈给客户重来文件；用相关软件帮客户加出血并请客户确认
图片检查	图片颜色模式不是 CMYK	反馈给客户重来文件；帮客户修改颜色模式为 CMYK
	图片链接图丢失	反馈给客户重来文件
	图片分辨率达不到要求	反馈给客户重来文件；用 Photoshop 修改图片分辨率
	图片清晰度太低	反馈给客户重来文件；用 Photoshop 修正并给客户确认
文字检查	四色文字	反馈给客户重来文件；跟客户确认是否将 4 色字转为黑色
	缺字体	反馈给客户提供字体文件；用其他字体替代并请客户确认
	有乱码	反馈给客户重来文件；检查是否 PDF 版本有问题
图形检查	Logo 为位图图像	反馈给客户提供矢量图；用印前软件帮客户做成矢量图
	线条太细，小于 0.14point	反馈给客户重来文件；帮客户修正线条并请客户确认
颜色检查	印刷颜色与工单对不上	反馈给客户重来文件；询问客户是否缺少专色文件；询问客户是否将专色转为 4C 印刷
陷印检查	文字叠印在彩色背景上	反馈给客户重来文件；询问客户是否做陷印处理
渐变色检查	渐变色输出有问题	反馈给客户重来文件；转为高分辨率位图图像
……	……	……

学生姓名：　　　　班级：　　　　日期：

阅读材料3

Acrobat Pro 软件操作指引（手动预检文件）

1. PDF文档属性检查

执行：文件/文档属性，如图1–2所示。记录PDF加工生成的程序、PDF版本、文件大小、页面大小、页数等信息。

点击“字体”查看字体信息，如图1–3所示。查看文档用到哪些字体，这些字体是否嵌入。

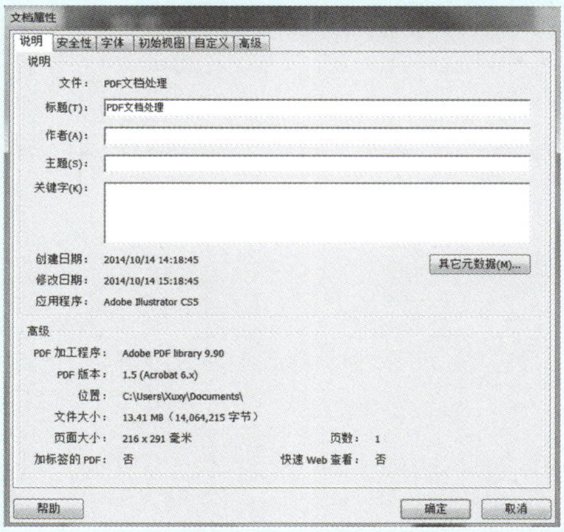

图 1–2　检查文档属性

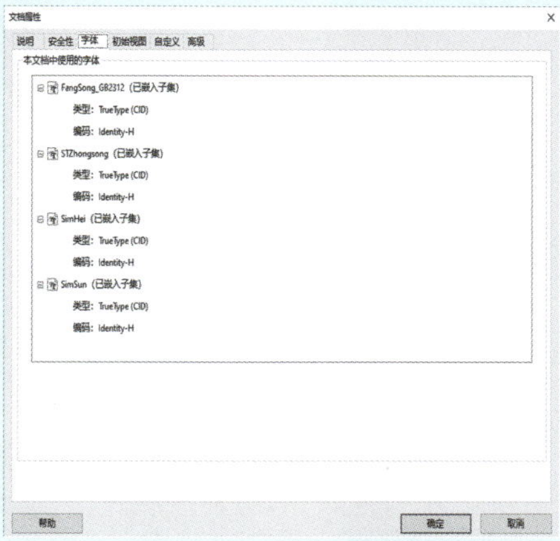

图 1–3　检查字体信息

2. PDF文档页面尺寸属性检查

执行：工具/印刷制作/设置页面框，如图1–4所示。

PDF文档页面包含4种框的尺寸，分别是：裁剪框、裁切框（成品尺寸）、出血框、作品框。通常情况，裁切框与出血框的尺寸相差3mm。

3. PDF文档页面颜色属性检查

执行：工具/印刷制作/输出预览，如图1–5所示。

模拟配置文件代表了当前文档制作的工作空间配置文件。检查文档的颜色模式（RGB或者CMYK）查看套色版的数量、专色版的数量以及专色的名称。

学生姓名：　　　　班级：　　　　日期：

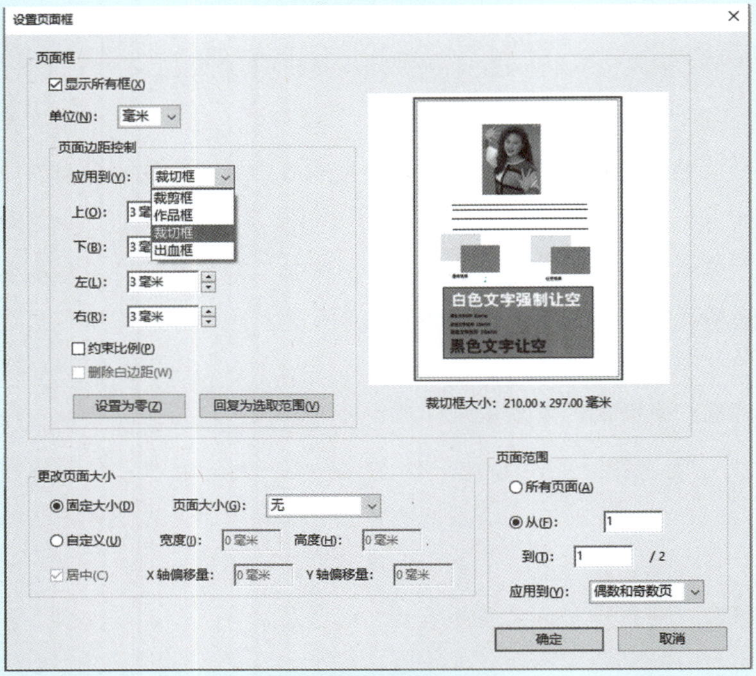

图 1-4　检查页面尺寸属性

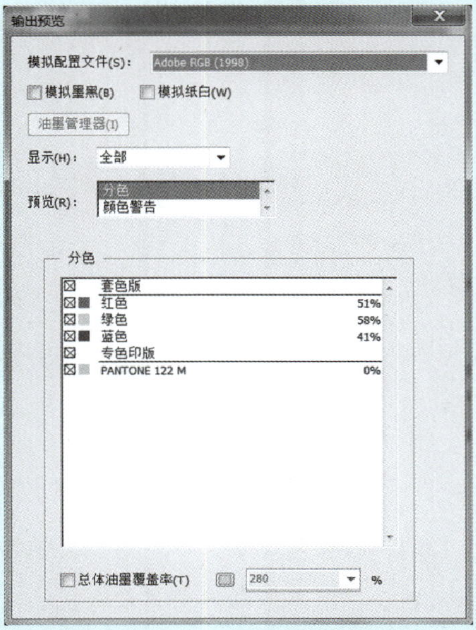

图 1-5　检查页面颜色属性

学生姓名： 班级： 日期：

4. PDF文档透明对象检查

执行：工具/印刷制作/透明度拼合，如图1-6所示。

拼合器预览，高亮列表中选择“透明对象”检查文档页面中是否有透明对象，如图1-7（彩插1）所示。页面中的透明对象以“红色显示”。

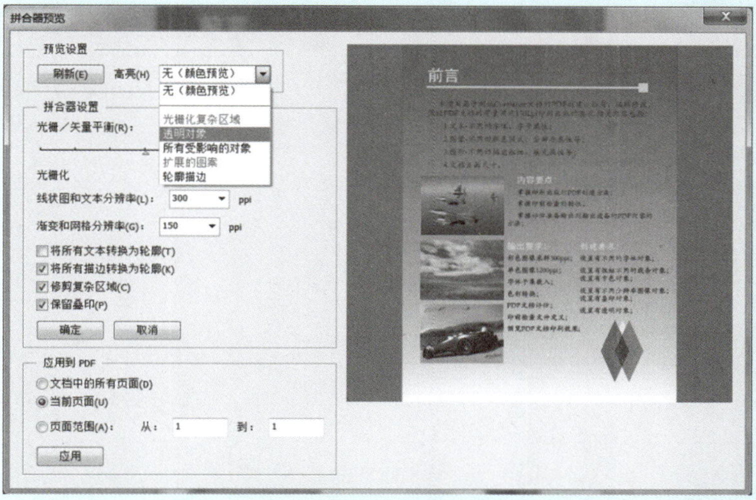

图 1-6 检查文档透明对象 1

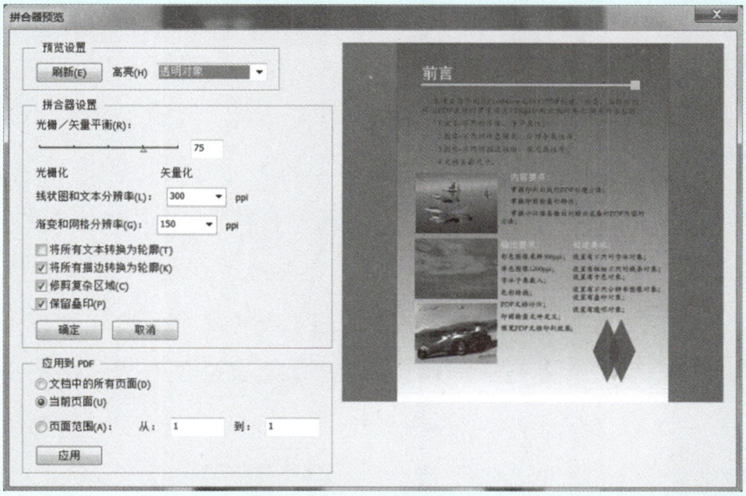

图 1-7 检查文档透明对象 2

学生姓名：　　　　　　班级：　　　　　　日期：

5. 图像分辨率的检查

执行：工具/印刷制作/输出预览，如图1-8所示。

在预览中选择“对象检查器”，并用鼠标单击要检查的图像对象，可检查当前图像对象的颜色空间和图像分辨率等信息。

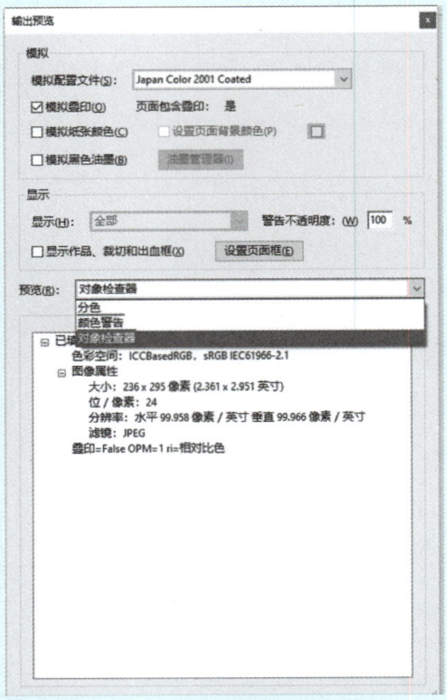

图 1-8　检查图像分辨率

阅读材料4

相关核心概念

1. PDF版本

PDF是Portable Document Format的简称，即“便携式文档格式”。该格式同PS语言一样，都是Adobe公司开发的电子文件格式，这种文件格式具有卓越的跨平台兼容性。这一特点使之成为互联网上电子文档发行和数字化信息传播的理想文档格式，并成为全世界电子文档分发的公开标准。越来越多的电子图书、产品说明、公司文告、网络资料、电子邮件开始使用PDF格式文件。

PDF版本从1993年到2008年有7次版本升级，从PDF1.0开始，发展到PDF1.1，PDF1.2，PDF1.3，PDF1.4，PDF1.5，PDF1.6，PDF1.7。2008年，

学生姓名： 班级： 日期：

Adobe公司将PDF1.7提交给国际标准化组织（ISO），使其正式成为国际标准。2017年，ISO公布了最新版本的PDF2.0。不同的PDF版本支持的功能都不一样。表1-12所示为常用的PDF1.3到PDF1.6版本的主要特点。

表 1-12 常用的 PDF1.3 到 PDF1.6 版本的主要特点

PDF1.3	PDF1.4	PDF1.5	PDF1.6
支持 ICC 色彩管理	支持 ICC 色彩管理	支持 ICC 色彩管理	支持 ICC 色彩管理
不支持透明，透明设置必须拼合	支持透明	支持透明	支持透明
不支持图层功能	不支持图层功能	支持前端图层保留	支持前端图层保留
平滑阴影效果必须转换为图像	支持平滑阴影效果	支持平滑阴影效果	支持平滑阴影效果
不支持蒙版图像效果	支持蒙版图像效果	支持蒙版图像效果	支持蒙版图像效果
TrueType 字体不可搜索	TrueType 字体可搜索	TrueType 字体可搜索	TrueType 字体可搜索
最大页面尺寸 45in × 45in	最大页面尺寸 200in × 200in	最大页面尺寸 200in × 200in	最大页面尺寸 15000000in × 15000000in

注：1英寸（in）=2.54cm。

查看PDF版本的方法为：使用Acrobat打开PDF，在文件菜单中点击属性，打开文档属性面板，在“说明”选项卡下方可查看到当前文件的PDF版本，如图1-9所示。

2. 页面框及检查规则

页面框是围绕在一个页面周围的虚拟的矩形，它是PDF页面布局的一种后台描述（这些信息是在创建原始PDF文档的程序中定义的）。一般在Acrobat中是不能直接看到这些页面框显示的，但可以通过Acrobat的“工具/印刷制作/设置页面框”看到各页面框的大小，也可通过PitStop或其他PDF编辑工具看到页面框显示和大小。

学生姓名：　　　　　　班级：　　　　　　日期：

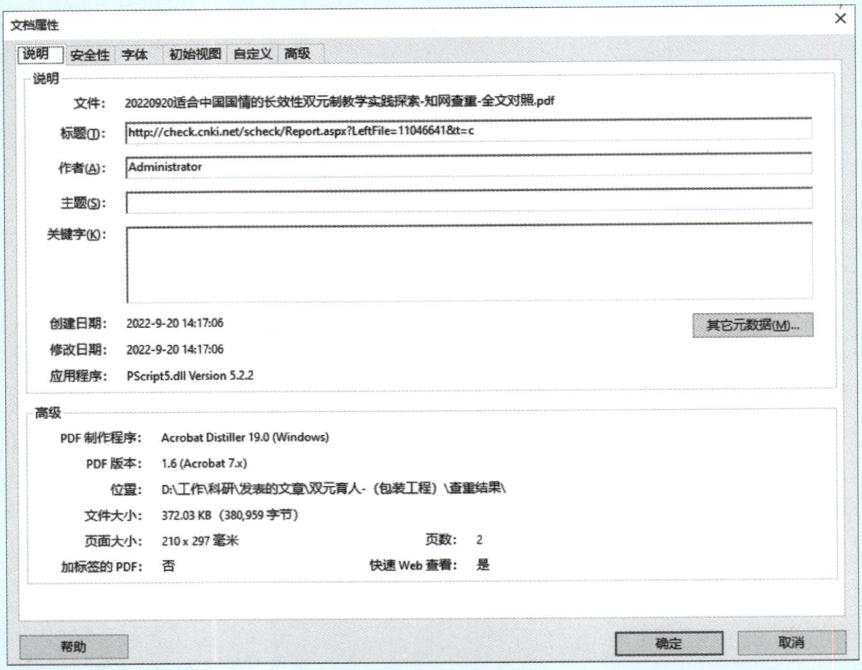

图 1-9　查看 PDF 版本的方法

PDF页面框的类型有：媒体框（mediabox）、出血框（bleedbox）、裁切框（trimbox）、裁剪框（cropbox）。

媒体框（mediabox）是最大的页面框。媒体框即打印文档到PS或PDF时所选择相应的页面大小（例如：A4，A5，US Letter等）。换句话说，媒体框决定PDF文档显示或打印在媒体上的物理大小。

出血框（bleedbox）指如果在文档中使用出血，PDF文档还将会有一个出血框。

裁切框（trimbox）可以指示文档被打印和裁切后的最终大小，即成品尺寸，拼大版用该框定位。

裁剪框（cropbox）即使用裁剪工具后形成的页面框，在普通视图中，只有裁剪框内的内容才会在Acrobat中显示出来。缺省情况下，在没有使用裁剪工具时，裁剪框的大小等于媒体框的大小。

学生姓名：　　　　　　　班级：　　　　　　　日期：

页面框检查规则为：

出血框（bleedbox）=裁切框（trimbox）+出血

媒体框（mediabox）≥出血框（bleedbox）

3. 出血

出血就是颜色（或其他的图案图像等）延伸到页边之外的数量。为了避免在印刷环节中，裁切图片时出现错误、留出白边，这时就需要在设计作品的周围留出至少3mm的“出血”位置，即在实际尺寸上多做3mm。

4. 文件标记

在印版和印张内，为了适应制版、印刷及印后的需求，须加入一些标记用于质量控制、信息提示等。常用的文件标记分为三大类：印前用标记、印刷用标记、印后用标记。印前用标记包括文本标记、印版质量控制条；印刷用标记包括套准标、侧拉规、色标等；印后用标记包括裁切线、折标等。

5. 字体

由外形风格类似的字符组成的集合叫字体，如宋体、楷体、黑体等。在文字的各种属性中，字体是印前最容易出现的问题。一种字体实际上是电脑中的一个文件，它含有各种字符的形状。为版面中一段文字选择某种字体，实际上是从字体文件中提取这些字的字形。在电脑里有两类字体，一类是矢量字体，笔画边缘平滑，这种字体既适合屏幕显示也适合高分辨率打印，也叫打印字体或轮廓字体。一类是点阵字体，这种字体由像素组成，笔画边缘有锯齿，仅适合于屏幕显示，也叫显示字体（位图字体、栅格字体、光栅字体）。生成PDF时需嵌入字体，如果在印前制版出现字体未嵌入的错误，在印版上会出现乱码等字体错误。

6. 图像分辨率

图像分辨率专用于位图，指图像中存储的信息量，其常用单位是像素/英寸（pixels per inch，简写为ppi），即每英寸内排列多少个像素。像素越密集，越能反映图像的细节。

图像分辨率与印刷加网线数的关系为：图像分辨率=质量因子×印刷加网线数×放大倍率。质量因子一般取1.5～2。

学生姓名：　　　　班级：　　　　日期：

1.3.2 学习任务2：文件修正★★

学习目标

表 1-13 单页海报文件修正的学习目标

目标类型	学习目标	学习活动	学习方式
技能目标	能够使用修正工具，执行印前检查文件的字体、图像分辨率、页面框和尺寸的修正	活动 1 活动 2	自主学习 实训学习

学习活动

活动1：修正海报文件

根据提供的海报文件和检查结果，对不符合印前质量项目检查单要求的字体、图像分辨率、页面框和尺寸进行修正。保存修正后的海报文件并提交。

阅读材料

Acrobat Pro 软件操作指引（修正文件）

PDF文件按照既定的标准检查后，可能出现不满足输出要求的问题，需要有一定的方法进行编辑修改有问题的内容，保证PDF文件的质量，使之输出顺畅。

①能够完成PDF文档页面对象的颜色转换。

②能够完成PDF文档页面框大小的修改。

③能够完成PDF文档页面透明对象的拼合。

④能够完成PDF文档页面字体的嵌入。

⑤能够完成PDF文档页面线条对象的宽度调整。

1. 使用色彩转换将非CMYK对象转换为CMYK对象

首先执行：编辑/首选项/一般/色彩管理，如图1-10所示。

学生姓名：　　　　　　　　班级：　　　　　　　　日期：

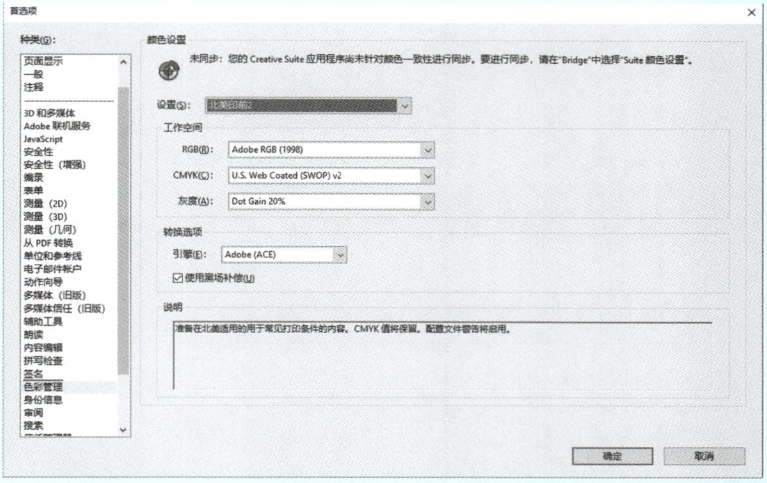

图 1-10　将非 CMYK 对象转换为 CMYK 对象步骤 1

选择的设置决定了应用程序将使用的颜色工作空间以及色彩管理系统如何转换颜色。

然后执行：工具/印刷制作/转换颜色，如图1-11所示。

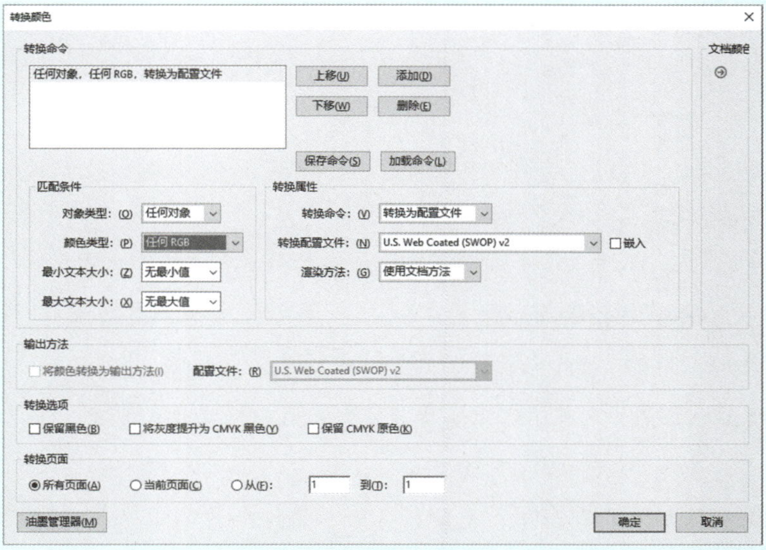

图 1-11　将非 CMYK 对象转换为 CMYK 对象步骤 2

学生姓名：　　　　　　班级：　　　　　　日期：

非CMYK对象转换为CMYK对象。对象类型选择“任何对象”；颜色类型选择“任何RGB”；转换命令选择“转换为配置文件”；勾选嵌入。上述操作可实现PDF页面中所有的RGB颜色对象转换为CMYK颜色，并且颜色值是“转换配置文件”中定义的颜色值。

2. 使用色彩转换将RGB文字对象转换为单色黑

执行：工具/印刷制作/转换颜色，如图1-12所示。

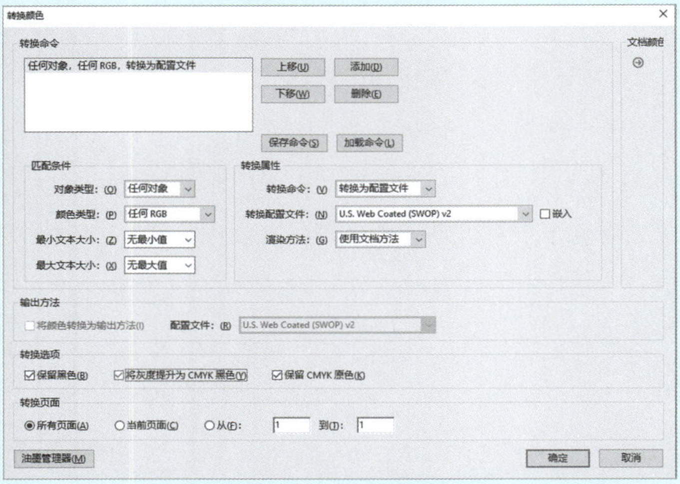

图 1-12　将 RGB 文字对象转换为单色黑

在“输出预览”中可以检查“文本”对象，如果文本为RGB黑色，按照图1-11设置的颜色转换，将RGB颜色的黑色文字转为CMYK套印黑色，而不能将RGB黑色转为单黑。要将RGB黑色文字转为单黑，需将转换选项中的三个分项同时勾选，如图1-12所示。

3. 使用页面裁剪工具完成PDF裁切框尺寸和出血框尺寸的定义

执行：工具/印刷制作/设置页面框，如图1-13所示。

正常状况，裁切框应小于出血框3mm，裁切框的尺寸代表成品尺寸，可通过修改裁切框尺寸实现。

学生姓名：　　　　　　　　班级：　　　　　　　　日期：

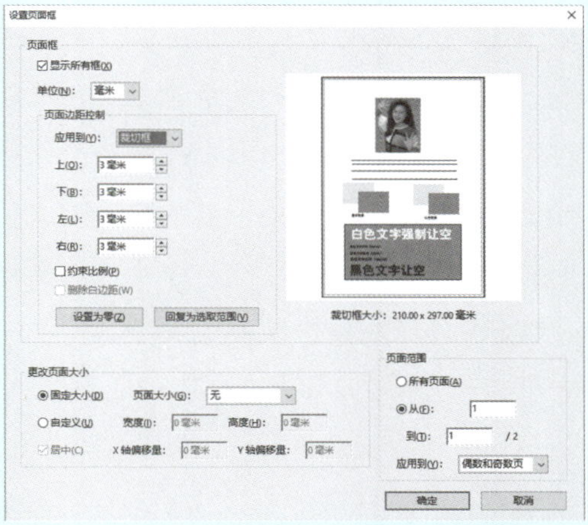

图 1-13　定义 PDF 裁切框尺寸和出血框尺寸

4. PDF文档页面透明对象的拼合

执行：工具/印刷制作/拼合器预览，如图1-14（彩插2）所示。

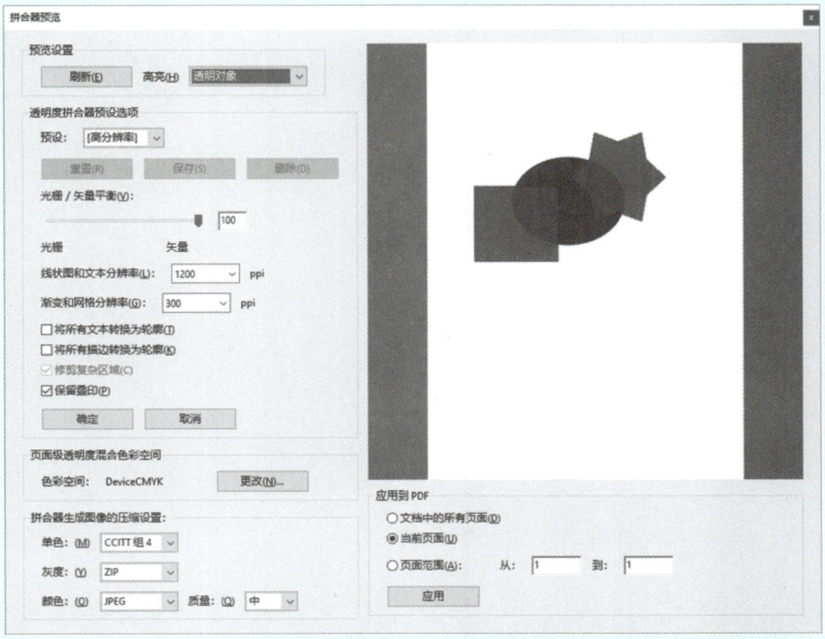

图 1-14　拼合 PDF 文档页面透明对象

光栅/矢量平衡指定被保留的矢量信息的数量。更高的设置会保留更多的矢量对象，较低的设置会光栅化更多的矢量对象。保证转换后图形对象边缘无锯齿，设置“光栅/矢量平衡参数”为100，保证图像对象等满足印刷分辨率的要求。设置光栅化参数大于等于300ppi，保留叠印对象。

在拼合过程中，作品中任何重叠的区域将分离为离散的部分，而且这些部分被转换为独立的矢量形状或光栅化像素，以保留透明效果，如图1−15、图1−16所示。

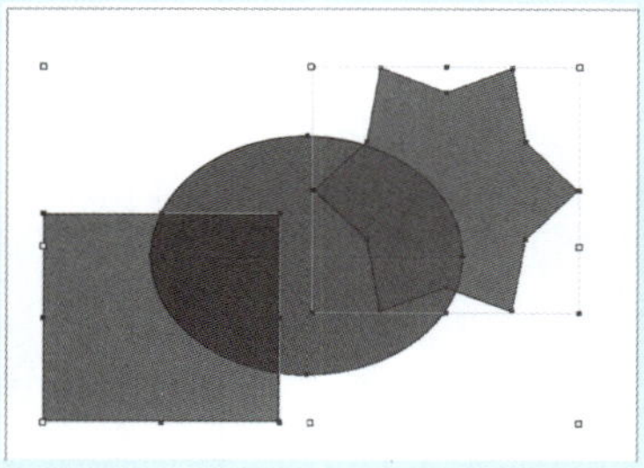

图 1-15　拼合前的对象

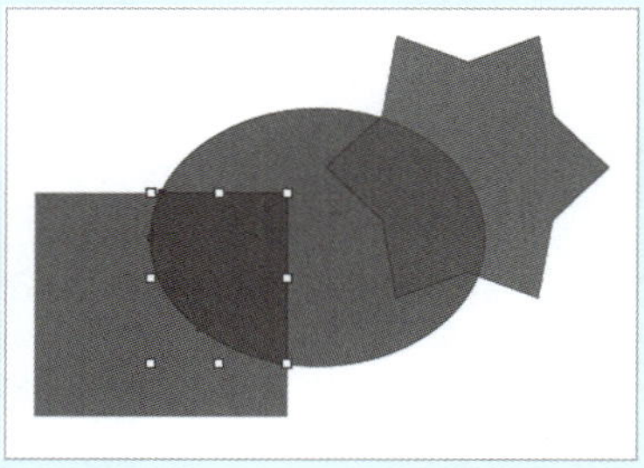

图 1-16　拼合后的对象

5. 字体的嵌入

首先执行：工具/印刷制作/印前检查/字体/字体嵌入，检查PDF文档中未嵌入的文本内容，如图1−17所示。

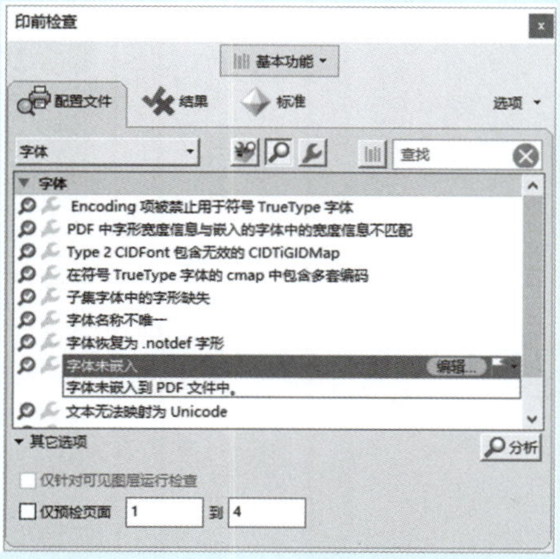

图 1-17　检查未嵌入字体的文本

学生姓名：　　　　　　　　班级：　　　　　　　　日期：

再执行：工具/印刷制作/印前检查/修正/嵌入字体，如图1-18所示。

完成字体嵌入的前提是文档中使用的字体是本机系统已安装的字体，如果本机系统未安装所需要的字体，则需要安装该字体。

6. 线条对象宽度调整

执行：工具/印刷制作/调整细线，将宽度小于0.08mm，替换为0.08mm，如图1-19所示。在正常情况下，胶版印刷方式可以印制得到的极细线条，最小宽度为0.14point（0.05mm），但一般情况下细线条宽度的下限设为0.076mm即可。

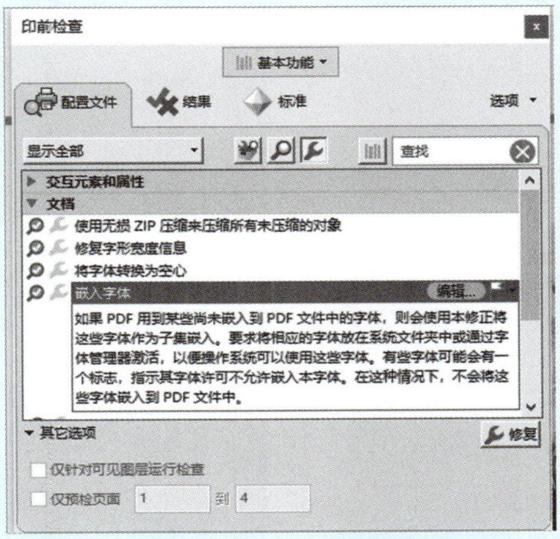

图 1-18　嵌入字体

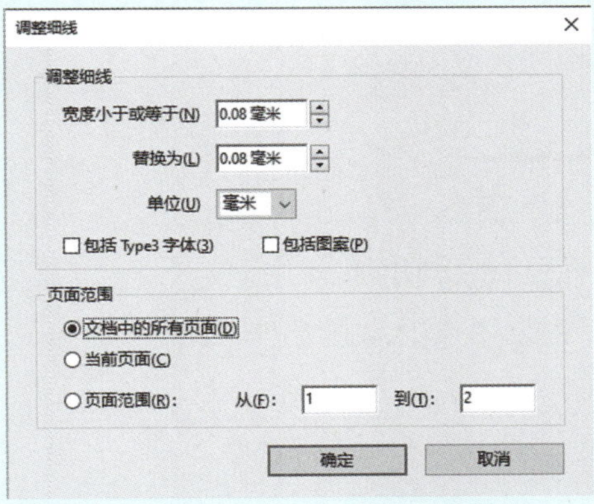

图 1-19　调整细线

活动2：文件印前质量检查

根据修正后的海报文件，使用选定的印前检查工具，验证修正后的文件属性、字体、图像分辨率、页面框、尺寸是否符合印前质量要求并填写印前质量项目检查单。

学生姓名：　　　　班级：　　　　日期：

1.3.3 学习任务3：数字拼大版★★★

学习目标

表 1-14 单页海报数字拼大版的学习目标

目标类型	学习目标	学习活动	学习方式
知识目标	能够获取并理解生产工单的要求	活动 1	自主学习
	能够理解印版、纸张与产品尺寸之间的关系，确定印版模版方案	活动 1 活动 2 活动 3	实训学习
	能够理解裁切线、套准标记、印刷控制条、制版控制条、文本标记的作用	活动 1 活动 2 活动 3	实训学习
	能够掌握自由拼的常用（单张、多张同尺寸、多张多尺寸）拼版方式	活动 1 活动 2 活动 3	实训学习

学习活动

活动1：输出海报大版文件

根据提供的海报文件（图1-1）和工单要求（表1-9），计算开纸尺寸，确定拼版方案并输出大版文件。

阅读材料1

数字拼大版涉及的基础概念

1. 拼大版

GB/T 9851.2—2008中定义，拼大版是按印版幅面和印后加工的要求，进行多页面或多联图案组合的处理方法。拼大版也叫拼版，是根据印刷和印后加工的要求，使用手工或计算机拼版的方法将许多单页页面合理地安排在大版上的工艺技术。

拼大版可节省材料、缩短印刷时间、确定合理的印刷方式、为折页提供

学生姓名： 班级： 日期：

正确的样张印刷，是印刷生产流程中一个至关重要的环节，但因其影响因素众多，同时连接印前、印刷、印后，也是极易出现问题的环节。

2. 拼大版常用方式

有三种方式可进行拼大版：手工拼大版、利用组版软件进行拼大版、利用专门的拼大版软件进行拼大版。

手工拼大版：具体做法是对输出的单页文件的胶片进行手工拼版，胶片拼成大版后再进行制版印刷，折手工作大多是由人工操作完成的，它存在着对位不准，生产效率低，工人劳动强度大等弊病。

利用组版软件进行拼大版：具体做法是做好单页文件后，新建一个大版的文件，然后将单页文件中的内容复制到大版文件上，旋转定位后输出PS文件。单页文件都已经做好后需要复制粘贴，旋转定位，与传统的手工拼大版类似，只不过是将手工对胶片的拼大版转移到前端的电脑制作上了，并没有实质上的改变。所以这种方式虽然直接在电脑上进行，但存在生产效率低、出错率高、劳动强度大等问题。

利用专门的拼大版软件进行拼大版：如柯达的Preps、海德堡的Signa Station等拼版软件可以简化工作流程，提高自动化程度，代替更多的手工操作，降低对操作人员的要求。

3. 印版模板

印版模板指具有某种固定的样式或内容，可以重复套用的印版格式文件。对于数字拼版工作来说，建立常用的印版模板，就可以在以后的拼版任务中重复调用它或按需修改。这样既可以保证拼版的正确性，又可以提高效率。一个完整的印版模板，通常需要定义好以下基本内容：①印版信息：印版尺寸；②印刷机信息：最大纸张尺寸，咬口等；③必要的标记：印前、印刷、印后需要用到的标记。

4. 自由订（拼）

自由拼则主要以节省材料（印版和纸张）为目的，它的拼版方式较为简单，主要是将不同尺寸的不同文件拼在一张印版上，使印版的有效使用面积最

学生姓名：　　　　　　班级：　　　　　　日期：

大。在自订拼中，同一张印版上不同页面文件之间没有顺序关系或装订关系。

5. 书刊常用印刷方式

平版印刷（胶印）：能精确复制精细的图文，色彩丰富、过渡自然，常用于彩色书刊、杂志。印刷速度快，适合大规模印刷，如教材、畅销书等。在长版印刷中，单位成本较低，但前期制版成本相对较高。

数字印刷：直接将数字文件传输到印刷设备进行印刷。不需要制版，可实现按需印刷，短版印刷优势明显，如学术论文集、小众读物等。能快速交付，而且可以进行可变数据印刷，实现不同页面或不同书刊的个性化内容定制，印刷质量能满足一般书刊要求。

凸版印刷：印版图文部分凸起，油墨涂在凸起部分，然后压印到纸张上。印刷品有明显的浮雕感，文字线条清晰、墨色浓厚。常用于有复古风格的书刊，如古籍复刻、限量版诗集等，能营造古朴典雅的氛围。

丝网印刷：通过刮板挤压使油墨透过网孔转移，能实现特殊效果，但精度较低、速度慢，用于小批量有创意要求的书刊。

6. 印后加工方式

印后加工方式是指在印刷以后为了满足使用要求和提高外观质量，对印刷品进行加工工艺的总称。

7. 开纸尺寸

开纸尺寸指上印刷机印刷的纸张尺寸。

8. 合版

将不同客户相同纸张、相同克重、相同色数、相同印量的印件组合成1个大版，充分利用胶印机有效印刷面积，形成批量和规模印刷的优势，共同分摊印刷成本，达到节约制版及印刷费用的目的。

9. 咬口

咬口包括纸张咬口（叼口）和印版咬口，如图1-20所示。

纸张咬口：也称为牙口、叼口，是指在印刷时，纸张被印刷机叼纸牙咬住进行传递的部分，一般是9～12mm。纸张咬口位置由于被叼纸牙咬住，无

学生姓名：　　　　　班级：　　　　　日期：

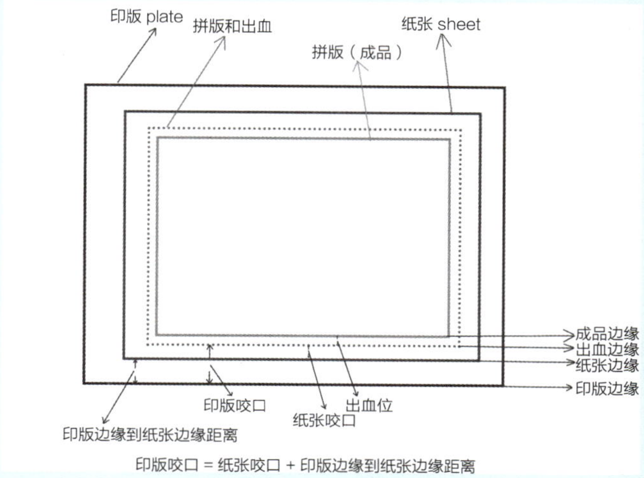

图 1-20　咬口

法印刷图文，这部分要排除在纸张的“可印刷面积”以外。为了保证印刷机内走纸的稳定性，咬口一般设计在纸张较宽的一边，单面印刷一个咬口，双面印刷可能是一个咬口，也可能是两个咬口。

印版咬口：即印版基线，是指印版被印刷机印版滚筒版夹夹住的位置，印版滚筒通过夹住印版咬口和版尾两端，将印版固定在滚筒上。不同品牌的印刷机基线不同，海德堡印刷机的基线是33mm。

阅读材料2

纸张规格及开本

1. 全张纸规格

全张纸规格分国际标准和国内标准。

全张纸的国际标准有A0和B0两个标准。

A0：841mm × 1198mm；

B0：1000mm × 1414mm。

学生姓名：　　　　　　班级：　　　　　　日期：

全张纸的国内标准用度来区分，分为正度、大度、特度。

正度纸：787mm × 1092mm。

常用大度纸：850mm × 1168mm；

880mm × 1230mm；

89mm × 1194mm。

特度纸：635mm × 965mm；

635mm × 889mm；

686mm × 1321mm。

以上尺寸是全张纸毛坯的尺寸，在使用之前还需要光边，光边就是切去纸张边缘不整齐的部位，因为纸张在生产、储运过程中会产生毛边或破损，所以印刷前都需要对咬口和拉规的一侧进行光边，如果纸张大小相对于印刷品占用面积剩余较多的情况下，可以将全张纸的四周都光边。如果纸张拼版较满的话，可以只光两边，便于印刷过程及印后加工。光边后全张纸的净尺寸略小于原尺寸，如正度全张纸尺寸（毛坯）：787mm × 1092mm，正度全张纸净尺寸：780mm × 1080mm。

2. 开本

版面的大小称为开本，开本以全张纸为计算单位，每全张纸裁切和折叠多少小张就称多少开本。常见开本如图1-21所示。不同规格的纸张，开本尺寸不同，如表1-15所示。

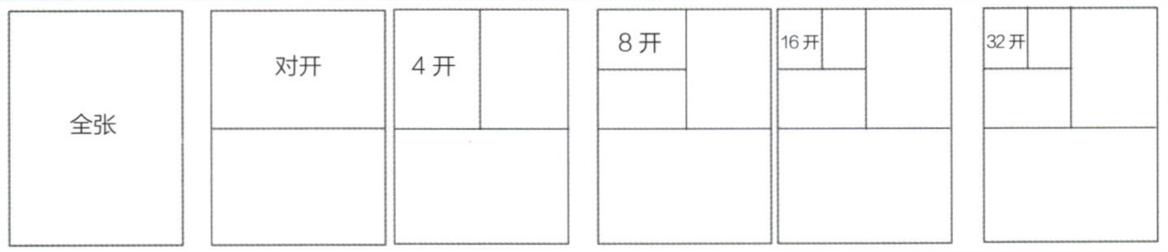

图 1-21　常见开本

学生姓名： 班级： 日期：

表 1-15 不同规格纸张的开本尺寸

小开本	全张纸：正度 787 × 1092mm	大开本	全张纸：大度 889 × 1194mm
	4 开：390 × 540mm		4 开：430 × 580mm
	8 开：270 × 390mm		8 开：285 × 430mm
	16 开：185 × 260mm		16 开：210 × 285mm
	32 开：130 × 185mm		32 开：140 × 210mm
同样的开数，不同规格的纸张，开本尺寸也不同			
大开本	全张纸：大度 885 × 1168mm	特大开本	全张纸：大度 880 × 1230mm
	4 开：420 × 570mm		4 开：430 × 600mm
	8 开：285 × 420mm		8 开：300 × 430mm
	16 开：210 × 285mm		16 开：210 × 300mm
	32 开：140 × 203mm		32 开：148 × 210mm

3. 常见开纸方法

二开法（几何开切法）：每次一折为二，开数以2的次幂数增加。

非几何级开切法：开切不符合几何级数，其优点是可以直线开切，节约纸张。缺点是开出的页数不能全用机器折页。

纵横混合的开切法：不能沿直线开切，对印刷和操作都有不良影响，有剩余边纸，不符合节约原则。

4. 纸张尺寸描述规律

通常用户在描述纸张尺寸时，尺寸书写的顺序是先写纸张的短边，再写长边，纸张的纹路（即纸的纵向）用M表示，放置于尺寸之后。例如：880 × 1230M（mm）表示长纹，880M × 1230（mm）表示短纹。

5. 纸张有效印刷面积

纸张的有效印刷面积也是纸张的安全设计尺寸，是指纸张尺寸减去边缘空白区域后的实际可印刷区域。印刷机因为咬口与套准线的需求，设计图案时不能满版，需要留一些富余的空间给咬口和套印标记。如图1-22所示。

学生姓名：　　　　班级：　　　　日期：

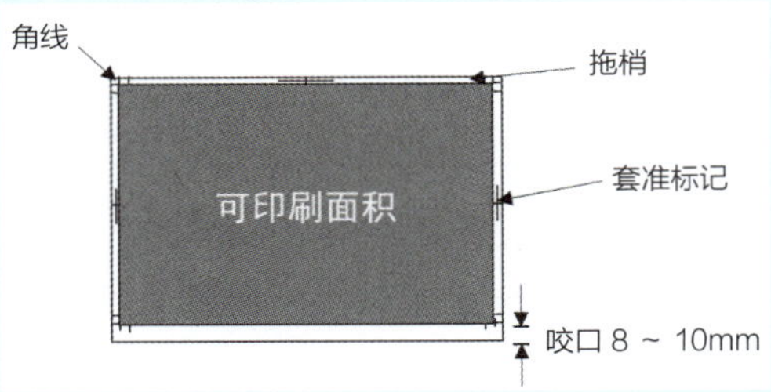

图 1-22　纸张有效印刷面积

6. 印刷品尺寸描述规则

以印刷品正向摆放为准，先写水平方向尺寸再写垂直方向尺寸，如210mm×185mm表示竖式的书刊，而185mm×210mm则表示横式的书刊。

阅读材料3

常用的专业拼大版软件

1. Kodark Preps

市场占有率高，界面简洁，初学者容易掌握。可用于PDF工作流程，宣称“PDF in，PDF out”（处理PDF文件，以PDF格式输出）。在拼大版过程中Preps并不会将PDF转换为Post Script，始终保留PDF文件的整体一致性与可预测性。其结果是在输出作业前，用Acrobat软件打开一个排版后的PDF文件。允许用户混用不同的文件类型、页面尺寸及方向，并针对各种页面分别进行裁切记号和十字线的设定。除此之外，PDF、Post Script、EPS、TIFF和DeltaList不同文件能够在同一个Preps作业中进行排版。

2. Ultimate Impostrip

先拼版再进行RIP，带一个“Origami”软件，可以用来模拟印刷后纸张折叠的实样。在北美和欧洲很流行，功能十分强大且为后续的印刷工序考虑得很完善。

学生姓名： 班级： 日期：

3. 海德堡印通Prinect Signa Station

功能强大的拼大版软件，可以作为软件独立运行，也可作为Prinect流程中的一部分，Signa Station可处理PS、PDF和DeltaList文件。排版完成后Signa Station能够生成一个印刷生产格式的文件（Print Production Format，PPF），其中包含了裁切、折页、配页等信息。PPF文件中的信息可用于之后的生产过程中，以初始化折页机和裁切机。

4. Barco FastImpose

Barco公司推出的FastLane Next Generation是一套印前拼版流程，可接受PS、PDF、PDF/X-1、TIFF/IT-PI文件。将输入的所有文件都转换为一种Barco格式（类似于PDF）后，再进行排版。使用Fast Impose软件会生成一个排版工作计划文件，该文件直接与Barco页面相连接。Fast Impose可以在同一个印版上排版装订方式不同的文件，可处理不同版本的作业，可无限放大图像来预览高分辨率图像，实现软打样。

5. 嶄新印通

RIP后拼大版软件，采用“ROOM”技术，即先RIP，后拼版，功能强大，不会出错，使用方便，可以预览真正的CMYK图像，经Harlequin RIP生成的单页面文件包括主精度的输出图像和低精度的显示图像（用于拼大版）。

6. 方正文合

具有灵活的交互式拼版功能，可以处理多个中缝在同一页的情况，适合报业印刷。界面很中国化，简单直观，用起来顺手。

活动2：输出名片大版文件

根据以下提供相同尺寸的名片文件（图1–23、图1–24），确定拼版方案（使用四开印版，印版尺寸745mm×605mm，纸张尺寸为正度四开纸张540mm×390mm）并输出大版文件。

商务名片文件.pdf

学生姓名：　　　　班级：　　　　日期：

图 1-23　商务名片 1- 正面

图 1-24　商务名片 2- 正面

活动3：输出宣传单页大版文件

根据提供的多尺寸的宣传单文件，确定拼版方案（使用对开印版，印版尺寸745mm×605mm，纸张尺寸为正度对开纸张780mm×540mm）并输出大版文件。

宣传单文件. pdf

学生姓名：　　　　班级：　　　　日期：

1.3.4 学习任务4：CTP印版输出★★★

学习目标

表 1-16　单页海报 CTP 印版输出的学习目标

目标类型	学习目标	学习活动	学习方式
知识目标	能够理解工作环境温湿度的重要性	活动 1	自主学习 实训学习
技能目标	能够正确地设置工作设备状态参数	活动 1	实训学习
	能够正确地选择印版原材料	活动 2	实训学习
	能够正确操作制版设备	活动 3	实训学习
	能够通过目视方式检查印版质量	活动 4	实训学习

学习活动

活动1：判断温湿度计工作状态

根据温湿度计显示的数据，记录并判断它的工作状态，请描述出当前温湿度对生产的影响。

活动2：选择正确印版

根据工单要求和大版文件，从版材库中选择正确的印版。

阅读材料1

CTP 版材基础知识

CTP版材，即计算机直接制版（Computer to Plate）所使用的版材。它是现代印刷数字化工作流程中的关键材料。相较于传统制版，CTP版材省略了烦琐的胶片输出环节，由计算机将设计完成的图文信息直接转化为数字指令，传输给制版机，再由制版机启用激光或紫激光等能量束，对CTP版材进

学生姓名： 班级： 日期：

行曝光操作，使版材表面受光区域化学性质改变形成潜在图文影像，再经过显影、定影等流程，将图文清晰呈现。

CTP版材有哪些尺寸呢？大概来说，CTP版材一般有着从四开到大全开等各种常用的尺寸，而且还可以按照客户的要求来定制CTP版材的尺寸。

比如厚度为0.3mm的CTP版材：1030mm×800mm；1030mm×795mm；1030mm×790mm；1030mm×770mm；920mm×760mm；910mm×665mm；790mm×595mm；790mm×565mm；766mm×605mm；745mm×605mm等。

再以最为著名的柯达CTP机为例，它最大的各种尺寸如下：

对开机型，最大版材尺寸：1030mm×838mm（鼓周向×鼓轴向）

全开机型，最大版材尺寸：1325mm×1650mm（鼓周向×鼓轴向）

大幅面机型，最大版材尺寸：1422mm×1804mm（鼓周向×鼓轴向）

超大幅面机型，最大版材尺寸：1600mm×2083mm（鼓周向×鼓轴向）

德国海德堡公司生产的Topsetter P102外鼓式热敏CTP，主激光器激光波长为830nm，实现了暗室曝光处理到明室光处理的飞跃。Topsetter顶胜P102为对开幅面，带内置打孔装置，具有出版速度快、灵活性强、可靠性好等诸多优点，主体由激光晒版和冲版机两大部分组成。主激光头曝光速度有900r/min和600r/min两挡，可以采用的版材有1030mm×770mm和1030mm×790mm两种对开幅面规格。不同超霸型号直接制版机使用最大印版幅面尺寸对比表见表1-17。

热敏CTP版材的一些主要品牌：

其中进口的版材品牌主要有富士、柯达、爱克发等，国产比较好的品牌有华光和强邦。

以富士为例，在Print China 2023展会上，富士主推的产品是新一代面处理热敏CTP版材有四大优势：快速机上显影、网点耐印率高、耐划伤、版面对比度高，是印前制版技术的新主流。强邦公司主推热敏CTP版，有STP-SL、STP-G、CTP-L、UV-CTP-SII等型号。

学生姓名：　　　　　　　　班级：　　　　　　　　日期：

表 1-17　尺寸对比表

设备名称	超霸 A52	超霸 A75	超霸 75	超霸 A105
最大印版幅面	670mm × 530mm（26.38in × 20.87in）	670mm × 760mm（26.38in × 29.92in）	680mm × 760mm（26.77in × 29.92in）	930mm × 1055mm（36.61in × 4154in）
最大出版速度 /（张 /h）	17	14	38	12
设备名称	超霸 105	超霸 145	超霸 162	超霸 190
最大印版幅面	930mm × 1140mm（36.61in × 44.88in）	1425mm × 1460mm（56.10in × 57.48in）	1425mm × 1630mm（56.10in × 64.17in）	1425mm × 1905mm（56.10in × 75.00in）
最大出版速度 /（张 /h）	38	35	35	25

学生姓名：　　　　　　班级：　　　　　　日期：

需要根据印刷设备来确定CTP版材库，选用的版材尺寸及类型要与晒版机及印刷机相匹配。品牌方面可以多选择几家供应商，选择性能较好或性价比较强的牌子，既要保证较好的印刷品质，也要尽量节省成本。

分别看一下有代表性的进口CTP版材品牌柯达及国产品牌华光的技术参数，见表1-18、表1-19。

表 1-18　进口品牌柯达的技术参数

柯达 SWORD MAX 热敏印版	
技术参数	
印版	阳图热敏印版，对印刷化学品（包括 UV）具有极强的抵抗力，兼具优异的物理处理特性，同时不影响产能、分辨率或冲洗性能。无需后烤版即可留版再印
应用	长版商业和包装应用，包括 UV，无需烤版。如需更长印量，亦可选择后烤版
基材	电解研磨及阳极氧化处理铝基
厚度	0.15mm，0.27mm 以及 0.40mm 标准厚度 对于各地区印版的尺寸和厚度，请联系本地柯达产品代理商
光谱敏感度	800 ~ 500nm
兼容的直接制版机	推荐：柯达全胜、达胜、全能及超胜直接制版机 其他认证的直接制版机：海德堡，网屏，以及 LUSCHER XPOSE 制版机
所需激光能量	100 ~ 120mj/cm^2
分辨率	在柯达制版机上可达 300lpi，取决于热敏成像头和速度配置
调频加网分辨率	20μm 随机加网 欲获得最佳调频加网性能，柯达建议在配有柯达方形光点成像技术的直接制版机上实施柯达视方佳加网
冲版机	推荐：柯达 T-HDXT-MDE 及 TI 冲版机 对于其他认证的冲版机，请联系本地柯达产品代理商
冲洗溶液	柯达 GOLDSTAR PREMIUM 印版显影液及柯达 GOLDSTAR PREMIUM 印版补充液
印量	最高 35 万印，未烤版 最高 16 万印 UV 和低能量 UV 应用 可后烤版，以进一步提高耐用性和印量

学生姓名：　　　　　　　　班级：　　　　　　　　日期：

续表

技术规格	
安全光	不需要，可在日光下处理
存储时间	18 个月

表 1-19　国产品牌华光技术参数

测试项目	技术参数
	TP-A
印版	卓越网点还原，无需预热阳图热敏版，尺寸、厚度和包装有严格规定
版基	优质细砂目铝版基
激光能量	120 ~ 140mj/cm^2 为了获得最高印刷质量，激光能量可能需要根据成像设备类型、冲洗条件和分辨率进行调整
应用领域	普通质量，一般性应用，短版或长版商业单张纸印刷商业印刷
版基厚度	0.20mm/0.27mm/0.40mm
最大版宽	1640mm
光谱响应范围	800 ~ 850nm
适用制版机	市场各种主流热敏 CTP 制版机
显影液	推荐华光 TPD-2 显影液
输出分辨力	1% ~ 99%@200lpi
适合加网方式	调幅（275lpi）/ 调频及混合加网，20μm
印量	未烤版普通油墨 8 万张；烤版 100 万张，烤版后使用 UV 或 EB 油墨 25 万张 取决于图像分辨率、印刷机、印刷化学药剂、油墨和纸张条件
安全光	日光灯下 2h 以内
保质期	在推荐的储存条件下 12 个月
储存和运输条件	带包装物，在 17 ~ 25℃，相对湿度 25% ~ 60% 下储存；建议采用冷柜运输

学生姓名：　　　　班级：　　　　日期：

阅读材料2

CTP版材的优势、类型及选择原则

一、CTP制版能够给印刷企业带来什么好处？

1. 提高制版的精度和质量

CTP使用计算机控制激光在版材上曝光，因此，网点的大小和位置可以精确控制，极大地提高了制版精度和分辨率。同时由于是直接曝光，所以版面非常干净，没有任何脏点和胶条印迹，进一步提高了制版质量。

由于常规CTP设备使用CTP版，而CTcP（以及UV-CTP、CTdP等）使用传统PS版或UV-CTP版，因此，这两种类型的版材性能，以及所使用的冲版设备性能对曝光质量的影响，也是众多印厂关注的问题。但是这个问题相对复杂，与印厂具体使用的版材品牌、型号、冲版机的性能、印厂操作习惯等诸多因素都密切相关，需要具体情况具体分析才能得出准确的结论。

2. 提高生产效率

在现代印刷流程中，CTP（计算机直接制版）及CTcP相较于传统制版更具明显优势。一方面，折手环节可借助软件完成精密计算，在曝光阶段便能直接获取已算好折手的印版，不仅大幅节省了时间成本，还消除了因手工拼版失误引发的返工问题。另一方面，计算机直接制版产出的印版，在四色版对位精度上实现质的飞跃。上机后所需的套印调整大幅减少，过版纸使用量明显减少，这既能显著缩短套印准备时间，又能有效降低生产成本。

CTP版与传统PS版或UV-CTP版的上墨速度的对比，也是一直在争论的话题。而这种因素对过版纸数量的影响，相对于四色版对位精度提高对过版纸的影响，哪一个更大也是仁者见仁智者见智，这与版材的品牌、型号等因素也息息相关。

3. 接近或低于传统晒版工艺的运行成本

除前面所说的节省成本的原因外，由于版材等耗材成本的不断下降，现在综合计算下来，CTP的正常运行成本已经接近或者低于传统的出胶片晒版工艺的综合成本。如果使用CTcP（以及UV-CTP、CTdP等），成本是否大

学生姓名：　　　　　　　　班级：　　　　　　　　日期：

幅度得到降低，也不是一句话可以概括的，这与流程选择、机型性能、设备价格、版材品牌、版材型号、冲版机性能、厂房条件、活件特点、操控习惯以及管理制度等方面的因素有关系。

二、市面上常见的CTP版材有哪些类型？相关设备情况如何？

现在市场上共有4种CTP版，分别是：热敏型、银盐型、光聚合型与免处理型。

CTP制版技术分为：光敏CTP制版技术和热敏CTP制版技术。其中光敏型CTP版材包括银盐扩散型版材、高感度树脂版材和银盐/PS版复合型版材；热敏型CTP版材包括热交联型版材、热烧蚀版材和热转移版材等。

1. 热敏型CTP版材

热敏型CTP版材目前主要有热熔解型和热交联型两种。

热敏CTP版材的特点：对自然光感度很低，采用红外线激光曝光，因此，可以在明室条件下操作。热敏版材要生成影像，必须达到初始热能阈值，而高于初始阈值的热能不会改变网点形状，是唯一可控制预知结果的技术，质量容易控制，出版质量稳定，并且曝光后的印版可以延长到6个月后再去显影，对版材的质量不会有丝毫的影响。热敏版材的网点再现性好，分辨力高，网点边缘锐利清晰，印刷时容易达到水墨平衡，具有良好的印刷适性，并且经烤版后的版材耐印力可达100万印以上。

2. 银盐型CTP版材

银盐型CTP版材主要包括银盐扩散转移版和银盐与PS版复合型版材两种类型。

银盐扩散转移版：以银盐感光材料为核心，曝光后银离子还原形成影像，通过扩散转移机制构建图文结构。其特点是感光度高，能满足对网点还原、阶调表现要求极高的作业需求，适用于高品质印刷产品。

银盐与PS版复合型版材：融合银盐成像与PS版特性，先利用银盐快速感光形成影像，再将图文转移至PS版涂层。该类型既保留了PS版对传统印刷设备的兼容性，又借助银盐提升制版效率。

学生姓名：　　　　　　　　班级：　　　　　　　　日期：

3. 光聚合型CTP版材

光聚合型CTP版材通过光聚合反应实现制版，图文部分在特定光源照射下，版材的感光层发生聚合反应，实现图文成像，空白部分则保持未聚合状态。

光聚合型CTP版材的特点：①光聚合型CTP版材的感光层很薄，图文部分和空白部分基本在同一平面上，属于传统胶印型。②光聚合型CTP版材可以选用紫激光二极管（410nm）、氩离子激光器（488nm）、FDYAG激光器（532nm）、红外激光二极管（830nm）等不同的版材感光光源。该版材不能在明室下操作！

4. 免处理型CTP版材

免处理型CTP版材，从广义上讲，是指版材在直接制版设备上曝光成像后，不需任何后续处理工序即可上机印刷，当然无需化学显影、冲洗等，是真正意义上的免处理版材；从狭义上讲，是指版材在直接制版机上曝光成像后不需化学显影处理，但仍然会有个别非化学处理工序，例如版材烧蚀废屑的清除、涂布保护胶等处理工作。它分为热烧蚀版材、极性转换技术版材和热熔技术版材。热烧蚀版材一般为双层涂布，底层为亲墨层，上层为亲水层。曝光时，激光能量将亲水层烧蚀，露出亲墨层，形成图文；未曝光部分仍保持亲水性质，为版面空白。热烧蚀技术在实际应用中并不顺利，主要是因为烧蚀后产生的粉尘和碎屑会影响制版机光学部件的精度，而且对健康和环境都不利。再者，热烧蚀版材的空白部分为亲水涂层，其水墨平衡控制能力和耐印力等都不及传统PS版材和CTP版材。采用极性转换技术的免处理版材为单层涂布，其药膜层为亲水性（或亲油性），曝光后，药膜层极性发生变化，转变为亲油性（或亲水性），曝光部分为印版的图文（或空白）部分。此类版材在曝光后不需要任何处理就可直接上机印刷。但由于其印刷控制和耐印力等都不理想，因此，离大规模商业化应用还有一段距离。

免处理CTP版材优点很多，免除后工序提高了生产效率，不需化学显影，减少了曝光时的耗能数量，降低总体制版成本，缩短了制版流程周期。在日益强调环境保护的今天，它对环境没有污染这一优点更为明显。虽然

学生姓名：　　　　　　　　班级：　　　　　　　　日期：

免处理版材比常规CTP版材价格高，就总体制版成本而言，前者可节约总成本的35%，因此，每块免处理版材价格偏高也情有可原。柯达CTP版Kodak Capricorn GT热敏版材是目前在国内市场上销量最大的柯达CTP版材。

5. 商业、出版和包装用CTP设备大比拼

（1）热敏型：是现在商业和包装印刷领域使用最多的CTP系统，在报社也有使用。特点是精度高、技术成熟稳定。系统要求使用专用的热敏CTP版，市场上有多种国内外品牌产品可供选择。

设备价格（含基本配置的流程软件）：国外品牌机型根据型号、配置、软件插件等的不同，价格在90万～150万元/台，甚至更高；国产机型在50万～90万元/台不等。

版材价格：国外品牌约50元/m^2，冲洗药水折合版材用量价格为0.5～2元/m^2，与各个厂家的产品特性有关。

（2）紫激光型：在报社和商业、包装领域都有使用。特点是曝光速度快、品质高。使用专用紫激光CTP版，市场上这类版材的生产厂家比热敏CTP版的生产厂家要少，但是也有不少选择。

设备价格（含基本配置的流程软件）：国外品牌的价格在150万元/台左右，甚至更高，随着机器型号、硬件配置不同而有不同；国产机型拥有很高的性价比，尤其是大品牌产品，性能很稳定。

版材价格：比热敏版略贵。

（3）CTcP、UV-CTP、CTdP：这类机器使用可以使传统PS版及UV-CTP版感光的紫外线光源或紫外波段激光。如果仅比较使用的制版版材，PS版及UV-CTP版的版材直接成本肯定要比CTP版的版材成本低。印厂原来的PS版冲版机可能要升级更换以保证冲版质量。

现在很多版材厂商专为这类系统生产专用版材（UV-CTP版），主要在版材的感光度提升、去除版面喷毛处理，以及提升版材亲墨性等方面做调整，具体的制版印刷效果与版材的具体品牌、型号，以及印厂的使用习惯等都有很大关系。这类版材价格与普通PS版接近。

学生姓名： 班级： 日期：

这类制版设备比前面介绍的其他同档次机型要贵不少，国外品牌机型根据配置不同大概在160万元/台，甚至更多，国产的机型也要100万元/台左右。

三、如何选择合适的CTP系统？

1. 从系统的制版质量来考虑

关于热敏、紫激光、CTcP（UV-CTP、CTdP）的制版网点质量一直是争论的焦点，对于CTP版和PS版本身的制版效果、冲版系统对最终印版的质量影响也各有评说。不同工作流程的特点、多种网点技术以及调频网技术的应用，各个厂家也各有千秋。对于印厂来说，客观的评价和适当的比较是很有必要的，选择适合自己活件特色的、既不浪费又有扩展性的系统，是大家选择时一定要考虑的。

2. 从系统的产能来考虑

根据自己的印刷设备产能来选择制版机的速度。制版机的速度一般根据型号、配置不同分为：10张/h左右、20张/h左右、30张/h左右以及更高速机型等，机器的速度越快价格就越高。每套印版（即单个工单）按CMYK 四色印刷模式核算需要4张印版，此制版量相当于每日处理 25～50 个工单任务。

3. 从产能的升级预期考虑

从制版速度的提升来看，设备应具有速度提升的潜力，以备后期印刷机增加时的速度提升；当然从稳定性和保障性的角度考虑，很多印厂在增加印刷机之后，不是升级CTP制版系统，而是增加CTP设备的数量，在增加CTP产能的同时，也进行双机的相互备份。

4. 从实际的运行成本考虑

一方面，印厂对于设备一次投入多少一般都会考虑得比较多，虽然现在很多厂家可以通过融资的方式来购买机器。另一方面，运行成本的投入是长期的，因此，对相关产品及耗材的考虑也是不能少的。

5. 从自动化程度考虑

如果每天的制版量不是很大，自动装版及连线过桥装置可以省略，当然这完全取决于印厂对制版环节的人员配置和工作安排的理解，这部分设备也可以后期添加。

学生姓名： 班级： 日期：

四、CTP版材选择的原则是什么？

1. 类型与尺寸要与CTP设备及印刷设备相匹配

采用什么类型的CTP机器就要选用什么样的版材，这一点在购买版材的时候一定要特别注意，避免买回来之后发现类型不匹配而不能使用。CTP设备的工作原理有很大不同，不同版材的材料也大相径庭。另外要考虑到CTP设备及印刷设备的幅面大小，版材不能太大也不能太小。

2. 根据活件的质量要求来选择版材

在印刷生产过程中会遇到很多不同质量要求的活件，客户的具体要求也不一样。在印刷以文字、线条为主要活件时，要优先考虑网点的清晰度及网点再现的范围，尽量采用热敏CTP版；在印刷报纸等需要快速出版、质量要求一般的情况下，可以采用光敏CTP版。

3. 从性价比的角度来选择版材

目前市场常见的CTP版材分为进口和国产。每种品牌的性能和价格方面都有一些差异，而且供应商的报价也不尽相同。对于大企业而言，要保证供应链的稳定，一般需要选择两家主要供应商，再培养一到两个补充的供应商，这样在接收到报价时可以有多种选择。

活动3：正确操作制版设备

根据提供的海报的数字化工作流程搭建指引（相关视频），搭建工作流程，将拼版后海报文件（图1–25），输出为TIFF–B文件，并且要找到TIFF–B文件的输出路径，正确操作制版机和冲版机（相关视频），输出一张指定的印版。

相关视频

海报拼大版文件. pdf

学生姓名：　　　　　　　　班级：　　　　　　　　日期：

图 1-25　海报拼大版文件

阅读材料

印版操作相关核心概念

1. TIFF-B文件

TIFF-B文件也称为1-bit tiff文件，是图像在照排机和CTP制版机上输出之前的位图数据，按照TIFF6.0格式保存的文件。文件中记录了各种加网信息，包括加网角度、加网线数等，在前端形成的图形、图像、文字等信息，都是以高分辨率的点阵信息固定下来并且不会再受后工序工艺的影响。作为印刷用数据，可以说是最接近最终形态的数据。因此，TIFF-B文件有“数码胶片”之称，以TIFF-B作为数据流的工作流程具有安全可靠的特点。

学生姓名：　　　　　　　　班级：　　　　　　　　日期：

2. 曝光（关注曝光过度、曝光不足）

曝光是指印版表面药膜涂层受辐射能（通常为光或热）的作用而形成图像或潜像的过程。不同厂家和品牌的版材都有相应的曝光能量值，需与其匹配。如果曝光能量过高或时间过长，会造成曝光过度，印版图文部分的网点会变小。如果曝光能量过低或时间过短，会造成曝光不足，印版图文部分的网点会变大。

3. 显影（关注显影过度、显影不足、显影不稳定）

显影是指用还原剂把印版上经过曝光形成的潜影显现出来的过程。显影时，显影液的温度和显影时间须与相应的版材匹配，达到要求时才能进行印版显影操作。如果显影液温度过高或冲版机的冲洗速度过低，就会造成显影过度，印版图文部分的网点会被冲淡。如果显影液温度过低或冲版机的冲洗速度过快或显影浓度过低，则会造成显影不足，印版就会冲不干净。使用显影液时，生产厂家都会提供配方的比例及对显影温度和时间的要求，要按照配方比例和要求做。显影液在使用一定时间后会造成显影液浓度不够，为保持印版显影的稳定性，可通过定期监测显影液电导率以显示显影液浓度的变化，并及时补充显影液。

学生姓名：　　　　　　　　班级：　　　　　　　　日期：

活动4：检查印版质量

根据印版检测质量标准（表1–20），用目视检测的方法，检测活动3中输出的印版版面质量，填写印版质量检查表（表1–21）。

表 1–20　印版检测质量标准

序号	项目	标准
1	印版外观	检查版面平整、清洁无脏点、无擦伤、上胶均匀
2	印版规格	印版尺寸准确，误差小于 0.5mm，与对应印刷机所需版材尺寸一致
3	咬口尺寸	咬口尺寸与对应印刷机要求一致
4	文件品名	与工单保持一致
5	开纸大小	与工单要求一致
6	检查 PLC	查看印版测控调 PLC，检查显影药水浓度合适
7	印版底灰	用放大镜，消版笔检查印版空白部分冲洗干净，无底灰
8	加网信息	检查印版加网类型、线数、网角、补偿曲线等，与工单要求一致
9	颜色数量	根据工单，清点颜色数量
10	标记检查	常用的印刷标记放置合理，如套准规、拉规、色带、定位线等
11	图文位置	图文位置端正，左右居中
12	图文内容	图文内容完整齐全，无残损字、缺字，线条完整等
13	网点质量	用放大镜检查网点饱满，边缘光滑，无空心
14	网点深浅	用测版仪检查印版测控条上各网点数值，误差 ±0.5%

小贴士

目视检测印版的操作指引

印版外观质量的检查：版面的平整性、清洁性（非图文部分需冲洗干净，网点百分比为0）。

印版版式规格的检查：图文位置正确、出血符合要求、印版咬口尺寸符合印刷机规格、印刷标记正确。

图文质量的检查：图不虚、线无残缺。

网点质量的检查：用放大镜观察网点是否饱满、光洁等。

学生姓名：　　　　　　　　班级：　　　　　　　　日期：

表 1-21　印版质量检查表

日期	工单号	品名	颜色数量	网点形状	网点角度	网点线数	过程校准	印版外观	印版尺寸	图文内容	网点质量	脏点 / 刮花	CTP 确认	接收人	备注
说明：网点角度为默认角度时（C105°　M45°　Y90°　K75°　专色 45°　），请在框内打√。															

学生姓名：　　　　　　班级：　　　　　　日期：

1.4　检查与评价

学习活动：评一评

请根据导师提供的学习评价表，先自我评价，再由组长评价，导师根据学习过程对每位学生整体做评价。

活动名称：学习质量评价。

- 活动目标：能够正确使用学习评价表，完成学习质量的评价。
- 活动时间：建议时长10～15min。
- 活动方法：自我评价+小组评价+导师评价。
- 活动内容：根据学习过程数据记录，自我评价、小组评价和导师评价。若评价过程发现自己和小组他人的错误点，请记录错误的原因，改进方法或建议等。
- 活动工具：学习评价表。
- 活动评价：提交评价结果+导师反馈意见。

小贴士

学习不是吃了多少，而是消化了多少！

学生姓名：　　　　　　　　　班级：　　　　　　　　　日期：

根据项目学习检查与评价表（表1–22），先进行自我评价，结束后交给组长进行小组评价，最后提交导师评价。

表 1–22　项目学习检查与评价

班级		项目名称		第____组 学生姓名	
具体项目任务及考核（满分 100 分）					
项目任务	考核指标（打√）		自我评分	组长评分	导师评分
资讯阶段 （15 分）	查找与项目有关的资料□ 主动咨询□ 认真学习项目有关的知识技能□ 团队积极研讨□ 团队合作□				
计划与决策阶段 （15 分）	1. 完成计划方案（10 分） 计划内容详细□ 格式标准□ 思路清晰□ 团队合作□				
	2. 分析方案可行性（5 分） 方案合理□ 分工合理□ 任务清晰□ 时间安排合理□				
实施过程 （70 分）	专业技能评价 （55 分）	1. 文件预检（5 分）			
		能够读懂生产工单、提取与文件预检相关工艺要求□			
		能够获取并理解印前质量项目检查单的要求□			
		能够使用印前检查工具，执行文件属性、字体、图像分辨率、页面框和尺寸检查□			
		能够查找并确定检查项的错误点和问题点□			
		2. 文件修正（10 分）			
		能够使用修正工具，执行印前检查文件的字体、图像分辨率、页面框、尺寸的修正□			

学生姓名：　　　　　　　　班级：　　　　　　　　日期：

续表

班级		项目名称		第___组 学生姓名	
具体项目任务及考核（满分 100 分）					
项目任务	考核指标（打√）		自我评分	组长评分	导师评分
实施过程 （70 分）	专业技能评价 （55 分）	3. 数字拼大版（25 分）			
		能够获取并理解生产工单的要求□			
		能够理解印版、纸张与产品尺寸之间的关系，确定印版模版方案□			
		能够理解裁切线、套准标记、印刷控制条、制版控制条、文本标记的作用□			
		能够掌握自由拼的常用（单张、多张同尺寸、多张多尺寸）拼版方式□			
		4. CTP 印版输出（15 分）			
		能够正确设置工作设备的状态参数□			
		能够正确地选择印版原材料□			
		能够正确操作制版设备□			
		能够通过目视方式检查印版质量□			
	方法与 能力考核 （5 分）	分析解决问题能力□ 组织能力□ 沟通能力□ 统筹能力□ 团队协作能力□			
	素养考核 （10 分）	课堂纪律□ 学习态度□ 责任心□ 安全意识□ 成本意识□ 质量意识□			
总分					
导师评价： 导师签名： 评价日期：					

学生姓名：　　　　　　班级：　　　　　　日期：

1.5 反馈与总结

学习活动1：反思与总结

学习反思与总结是最为重要的学习环节，请根据导师的要求，认真完成以下学习活动。

请先自我总结与反思，以课后作业的形式完成组内总结分享（请录制分享视频并提交），并制作PPT总结报告。

- 活动名称：学习反思与总结。
- 活动目标：能够在导师和小组长的带领下，完成PPT报告总结和视频总结。
- 活动时间：建议时长30min。
- 活动方法：自我评价+代表分享+导师评价。
- 活动内容：请小组代表，运用PPT总结形式完成课堂分享。布置课后作业，要求每位学生在组内以PPT报告的形式完成学习经验的分享，并将分享过程录制成视频在下课前上交给学校导师。
- 活动工具：PPT制作学习总结报告。
- 活动评价：提交反思与总结结果+导师反馈意见。

学习活动2：评一评

以学习小组为单位，评出你所在的学习小组的同学最佳作品或成果和最佳学习代表，并记录自己本次小组任务做得好的方面和有待改进的地方。

小贴士

学习评价：既是一种学习方法，又是对学习过程进行总结与反思的最佳时机。不论你现在对专业技能掌握程度如何，一定要学会多总结、多反思、多分享。过程中，主要是提升和训练你的综合职业能力，如：协作精神、沟通表达能力和职业精神等。

学生姓名：　　　　　　　　班级：　　　　　　　　日期：

1.6 巩固与拓展

1.6.1 巩固练习

根据本项目学习的单页单面印刷品计算机直接制版流程，自行选择不同主题的海报单页，完成单页海报巩固练习，1周内把学习成果提交给导师。

1.6.2 拓展练习

根据本项目学习的单页单面印刷品计算机直接制版流程，自行选择不同尺寸规格的彩色单页，完成不同幅面尺寸的单页产品的拓展练习，请独立完成拓展任务，并对最后的成果进行评价。

拓展任务：请参照项目单面印刷品计算机直接制版的工作流程，独立完成合版印刷方式中多种类型产品的计算机直接制版（含五种以上产品）。练习过程中如有问题，可记录在拓展学习记录中，必要时咨询导师，解决练习过程中的难题。

项目二　多页双面印刷品计算机直接制版

学生姓名： 班级： 日期：

学习过程

请认真阅读并理解学习过程与学习任务，在导师的指导下完成以下学习任务。

2.1 任务与资讯	获取任务资讯信息，明确多页双面印刷品计算机直接制版的任务
2.2 计划与决策	导师引导，学生小组完成多页双面印刷品计算机直接制版过程方案或计划
2.3 项目实施	导师指导训练，学生小组完成多页双面印刷品计算机直接制版过程和结果
2.4 检查与评价	学生和导师对多页双面印刷品计算机直接制版文件做检查与评价，包括自评、互评和导师评价
2.5 反馈与总结	学生和导师对学习情况做反馈总结
2.6 巩固与拓展	学生独立完成新任务多页双面印刷品计算机直接制版工作，拓展学习相关的新工艺、新技术或难度更大的内容

学生姓名：　　　　　　　　班级：　　　　　　　　日期：

2.1 任务与资讯

2.1.1 学习情境与学习目标

1 学习情境

公司接到客户新订单，需要印刷一份产品宣传册，装订方式为胶装，需使用海德堡SM74印刷机印制，请为该订单进行制版印刷。多页双面印刷品计算机直接制版项目任务书见表2-1。

表 2-1　多页双面印刷品计算机直接制版项目任务书

任务名称	多页双面印刷品计算机直接制版
工作任务内容及要求	公司接到客户新订单，需要印刷一份胶装宣传册，使用海德堡SM74印刷机印制。请为该胶装宣传册进行制版印刷，要求如下： ①会根据产品成品尺寸和印刷机幅面计算最省纸的开纸尺寸（纸张咬口为10mm，拖梢15mm，纸张左右各留10mm白边，缺省出血3mm，铣背深度2mm）； ②会根据书刊封面和内页确定不同的印刷方式和制定相应的拼版方案； ③创建数字化工作流程处理书刊PDF文件，得到大版的1-bit tiff文件； ④正确操作制版机和冲版机，输出书刊封面大版和内页大版的印版。
学习任务	完成 5 个学习任务： ①文件预检； ②文件修正； ③数字拼大版； ④搭建数字化工作流程； ⑤ CTP 印版输出。

2 学习目标

通过书刊计算机直接制版项目的学习，我们要掌握的学习目标见表2-2。

学生姓名：　　　　　　　　班级：　　　　　　　　日期：

表 2-2　学习目标

序号	学习目标
	素养目标
1	在工作中追求执着专注、精益求精的工匠精神。
2	遵守印刷行业相关法律法规、行业标准规范。
3	团队协作、有效沟通与表达。
4	遵守成本节约原则。
	知识目标
1	能够理解 PDF 设置和 PDF/X 标准。
2	能够理解与书刊拼版相关的概念。
3	能够理解折手与拼大版之间的关系。
4	能够理解数字化工作流程。
	技能目标
1	能够运用书刊排版软件生成符合印刷要求的 PDF。
2	能够使用印前检查工具，执行文件属性、字体、页数、页面框和尺寸检查。
3	能够查找并确定检查项的错误点和问题点。
4	能够制定 7 项预检规则。
5	能够验证制定的预检规则的有效性。
6	能够正确解读预飞检查报告并分析印前质量检查问题点的成因。
7	能够根据检查结果修正文件中不符合印刷质量要求的内容。
8	能够对修改结果进行验证。
9	能够使用拼大版软件中的书刊拼大版流程。
10	能够根据设备、工艺和产品类型创建书刊拼大版规则。
11	能够设定文件预检与修正的参数。
12	能够设定设备输出参数。
13	能够创建工作组模板。
14	能够调试并优化工作流程模板。
15	能够使用检测工具检测印版质量。

学生姓名： 班级： 日期：

2.1.2 学习方案与学生分组

1 学习方案

为了达成书刊项目的学习目标，请同学们仔细阅读学习安排表2-3和书刊制版学习知识体系表2-4，如有疑问，先记录下来并咨询你的课程导师。

表 2-3 学习安排表

学习方式	学习时长	学习内容	本书资料	设备工具
课堂学习	8 学时	多页双面印刷品计算机直接制版	课堂学习资料	（1）电脑（工作站）安装 以下软件： ①Adobe系列软件 ②CorelDRAW ③Acrobat Pro ④印通等印前流程软件 ⑤海德堡印通拼大版软件 ⑥第三方插件、印版插件 ⑦海德堡CTP GUI ⑧Shooter （2）温湿度计、放大镜 等辅助设备 （3）导电仪 （4）空调 （5）UPS（不间断电源） （6）海德堡印通工作流程
实训学习 / 岗位学习	26 学时		实训学习资料 / 岗位学习资料 项目训练素材	
自主学习 / 网络学习	2 周内		自主学习资料 知识微课 操作视频 练习素材	

请阅读书刊制版学习知识体系表的内容，整体了解书刊制版的知识结构与学习路径。请根据学习过程与完成状态情况，在表2-4的学习进度栏中标识出来。

表 2-4 书刊制版学习知识体系表

学习任务	知识类型	知识点学习内容	学习进度[1]
1. 文件预检 ★★[2]	核心概念	页面框	
		文件标记	
		尺寸单位	
		7项预检规则	
		预飞	

学生姓名：　　　　　　班级：　　　　　　日期：

续表

学习任务	知识类型	知识点学习内容	学习进度
1. 文件预检 ★★[2]	学习原则	优先原则	
		印前质量项目检查规则	
		ISO PDF/X标准	
	学习方法和内容	选择检查工具	
		手动检查	
		自动检查	
	学习工具	①Acrobat Pro ②印通等印前流程软件 ③第三方插件 ④电脑（工作站）	
2. 文件修正 ★★	核心概念	色彩空间	
		色彩模式	
		专色及油墨	
	核心概念	透明度	
		叠印	
		补漏白	
	学习原则	印前质量项目检查规则	
		ISO PDF/X标准	
		常用软件工作色彩空间国际标 准	
	学习方法 和内容	执行修正操作	
		验证修正结果	
	学习工具	①设计类软件：Adobe系列软件、CorelDRAW等 ②印通等印前流程软件 ③第三方插件 ④电脑（工作站）	
3. 数字拼大版 ★★★	核心概念	爬移	
		铣背	
		贴标（配贴）	

学生姓名：　　　　　　班级：　　　　　　日期：

续表

学习任务	知识类型	知识点学习内容	学习进度
3. 数字拼大版 ★★★	核心概念	装订方式	
		折手方案	
		咬口	
		开本（国标）	
		拼版操作流程	
	学习原则	成品与纸张尺寸关系	
	学习方法和内容	制定拼版方案	
		执行拼版操作	
	学习工具	①海德堡印通拼大版软件 ②拼版插件 ③设计类软件	
4. 搭建数字化工作流程 ★★★	核心概念	数字化工作流程	
		模块化工作模板	
		印刷文件规范化	
		大版PDF	
		数码打样	
		CIP3/C IP4	
		屏幕软打样	
		加网参数	
		校准曲线	
	学习原则	工作流程操作可行性	
		数字化工作流程配置有效性	
		正确运用工作流程	
	学习工具	①海德堡印通工作流程 ②电脑（工作站或服务器）	
5. CTP 印版输出 ★★	核心概念	曝光	
		显影	

续表

学习任务	知识类型	知识点学习内容	学习进度
5. CTP 印版输出 ★★	学习原则	印版质量检测标准	
	学习方法和内容	印版质量检测	
	学习工具	①海德堡CTP GUI ②Shooter ③电脑（工作站） ④印版质量测量仪 ⑤放大镜	

注：1. 学习进度状态标识：若已完成打 √，若未完成打 × 。

2. 标识“星号”指工作过程中任务的重要性与难度 。低：★；中：★★；高：★★★ 。

② 学生分组

学习分组说明：请根据导师的分组要求，在规定的时间内完成学习小组组建和选举学习小组长。

学生任务分组与分工请见表2-5。

表 2-5　学习任务分组与分工

<table>
<tr><td>班级</td><td></td><td>组名</td><td></td><td>导师姓名</td><td></td></tr>
<tr><td rowspan="7">小组成员</td><td>姓名</td><td>学号</td><td>姓名</td><td colspan="2">学号</td></tr>
<tr><td></td><td></td><td></td><td colspan="2"></td></tr>
<tr><td></td><td></td><td></td><td colspan="2"></td></tr>
<tr><td></td><td></td><td></td><td colspan="2"></td></tr>
<tr><td></td><td></td><td></td><td colspan="2"></td></tr>
<tr><td></td><td></td><td></td><td colspan="2"></td></tr>
<tr><td colspan="5">角色：学习小组长
(　　　　　　　　　　　　　　　　　　　　　　　　　　　)</td></tr>
<tr><td colspan="6">任务分工</td></tr>
<tr><td colspan="6"></td></tr>
<tr><td colspan="6">备注：</td></tr>
</table>

学生姓名：　　　　　　　　班级：　　　　　　　　日期：

2.1.3 获取资讯

为锻炼自学能力，根据书刊印刷制版学习要求，请同学们先自主学习、自主查询并整理相关概念信息。

关键知识清单如下：7项预检规则、预飞、色彩空间、色彩模式、专色及油墨、透明度、叠印、补漏白、爬移、铣背、贴标、装订方式、折手方案、开本、拼版操作流程、数字化工作流程、模块化工作模板、印刷文件规范化、大版PDF、数码打样、CIP3/CIP4、屏幕软打样、加网参数、校准曲线。

学习目标

目标1：正确查询或搜集关键知识清单中的概念性知识内容。

目标2：用自己的语言，初步描述关键知识清单中的概念性知识含义。

学习活动

活动1：查一查

以小组为单位，通过阅读材料、网络查询和相关专业书籍查询，初步理解以上概念性知识。

活动2：说一说

以小组为单位，在组长的带领下，请每位同学用自己的语言说一说对以上概念的理解，可以用图表形式记录下来。

小贴士

通过参与以上学习活动，让你理解相关的专业知识，获得收集资讯的能力，懂得分工、沟通与协作的能力。

学生姓名：　　　　班级：　　　　日期：

2.2 计划与决策

为了完成书刊制版任务，需要制定合理实施方案。

2.2.1 计划

学习目标

根据导师提供学习材料，能够制定项目实施方案。

学习活动：做一做

请你先通过岗位调研或查阅资料，提出自己的实施计划方案，梳理出主要的工作步骤并填写出来，尝试绘制工作流程图。

2.2.2 决策

学习目标

在小组长的带领下，能根据产品成品尺寸和印刷机幅面计算最省纸的开纸尺寸。

学习活动：选一选　思政点睛：团队协作、沟通与表达

在学习组长的带领下，经过小组讨论比较，得出计算方案。导师审查每个小组的计算方案并提出整改意见。各小组进一步优化计算方案，确定最终的计算方案并写下来。

小贴士

> 通过以上学习活动，在制定实施方案过程中，你的归纳总结能力和团队协作能力能够得到提升。

学生姓名：　　　　班级：　　　　日期：

2.3 项目实施

为了完成书刊制版的项目任务，你需要从以下5个学习任务进行学习。

2.3.1 学习任务1：文件预检★★

学习目标

表 2-6 书刊文件预检的学习目标

目标类型	学习目标	学习活动	学习方式
知识目标	能够理解PDF设置	活动 1	自主学习 课堂学习
	能够理解PDF/X标准	活动 2	自主学习 课堂学习
技能目标	能够运用书刊排版软件生成符合印刷要求的PDF	活动 2	实训学习
	能够使用印前检查工具，执行文件 属性、字体、页数、页面框和尺寸 检查	活动 3	实训学习
	能够查找并确定检查项的错误点和问题点	活动 3	实训学习
	能够制定7项预检规则	活动 4	课堂学习
	能够验证制定的预检规则的有效性	活动 5	实训学习

学习活动

活动1：不同PDF设置对生成PDF文件的影响

根据提供的书刊排版文件，按照不同的PDF设置生成PDF文件并比较结果。请把PDF的比较结果按照应用场景描述出来（表2–7）。

书刊排版文件
（印刷设计软件）

学生姓名：　　　　　　　　班级：　　　　　　　　日期：

表 2-7　PDF 设置结果比较表

Adobe PDF 预设	生成结果对比		
	文件大小	图像分辨率	颜色空间
PDF/X-1a			
PDF/X-3			
PDF/X-4			
印刷质量			
最小文件大小			
高质量打印			

阅读材料1

印前输出的标准文件格式

在印前制作中，操作人员可以使用各种不同的计算机应用软件来进行平面设计与版面制作，以及印前图像处理，每个应用软件都有专门对应的文件格式，如Photoshop对应的PSD格式，InDesign对应的indd格式。不同格式的文档都具有自身的特点，为了保证正确输出各个应用软件制作的版面，必须要求印前输出流程能够正确读取和处理这些由各个应用软件生成的不同格式版面文件，但如此多类型的文件格式必然会给后续的输出操作带来困难。为了减少在输出环节因文件格式引起的问题，应尽量避免在输出环节产生错误，须制定一种专用于输出的标准文件格式，以保证各个不同的印前处理软件中制作的版面可以统一生成标准文件格式。

众多文件格式中，PS和PDF文件格式很好地满足了印前输出要求，现已成为印前输出的标准文件格式。

学生姓名： 班级： 日期：

阅读材料2

PostScript 文件格式介绍

大家请注意，这里介绍的PS不是大家常说的图像处理软件Photoshop，而是PostScript语言的简称，其由Adobe公司和苹果公司在1985年合作开发的，经打印输出的PostScript文件一般是以.ps作为后缀名。PostScript语言具有双重属性：PostScript是一种页面描述语言，与HTML语言类似；PostScript是专门为打印图形和文字而设计的一个编程语言。

PS语言的主要目标是提供一种独立于设备的、能够方便地描述图像的语言。独立于设备意味着不需要借助任何具体设备的特性（例如，打印机的分辨率）来描述一个页面，因而同一种描述不需要修改就可适用于任何一种PS打印机进行打印。

PS语言作为页面描述语言可对出版物中页面元素如图像、图形、文字的全部信息进行精确描述。对于图像使用命令集描述以点阵方式存在的像素集合的色彩、分辨率等属性；对于图形使用命令集描述线条、几何图形、渐变、底纹、边框、页面标记等；文字是一种特殊的图形，需使用命令集描述字体、字号、字距、字库等属性。

除了对这3种页面元素的精确描述，PS语言区别于其他描述语言的最独特之处在于其还能对输出信息进行描述，包含对各种输出参数如输出设备分辨率、网点形状、加网线数、网点角度的描述。这些参数也可由RIP根据具体输出设备的实际情况进行调整设置。

PS语言是一种编程语言，其描述了所要显示或者打印的图像有哪些特征、参数，在显示或者打印PS文件的时候，再由PostScript解释器解释执行，进行具体的打印或显示，得到所要的图像、图形和文字组成的页面。

举一个使用PS语言编程的例子。如果要描述一条直线。由于PostScript语言是以文本形式存放，因此，其不需要专门的编辑环境，可打开记事本软件敲入以下代码：

```
3672 moveto
```

学生姓名：　　　　班级：　　　　日期：

72144 lineto

stroke

showpage

将其存成txt纯文本，然后修改文件的后缀名为.ps，从图标的变化可以看出该纯文本已转换成PS格式的文件。在显示或者打印PostScript文件的时候，则由PostScript解释器解释执行。Acrobat Distiller可以解释PS文件，该程序在安装Acrobat时会自动装上。双击前面生成的PS文件，可直接启动Acrobat Distiller程序，将其转成PDF文件。打开PDF文件就可以在页面看到一条斜线。

接下来解读一下前面敲入的代码含义：3672 moveto意思是该直线的起点位置；72144 lineto意思是该直线的终点位置；Stroke意思是从起点位置到终点位置画一条线；Showpage意思是显示页面。

是不是用PS语言编程非常简单呢？仅仅4句话就描述了页面上的一条直线。当然如果要描述这条直线的粗细、颜色等更多信息，则需要更复杂的代码。

阅读材料3

PDF 文件格式介绍

为了减少印前输出中不同格式文件给输出操作带来的困难，印刷工业推出了PS（PostScript）文件作为印前输出的标准文件格式。虽然PS文件很好地满足了印前输出的要求，但其有4个缺点无法避免：

（1）文件的随意性。由于使用应用软件的不同，制作的文件内容也有差异，造成输出的不确定性。

（2）文件内容不能直接呈现。当文件内容不能直接呈现时，需通过PS语言解释器转换成PDF文件才可直接浏览页面内容。

（3）文件的不可编辑性。PS文件由PS语言的代码构成，虽然可以通过记

学生姓名：　　　　　　　　班级：　　　　　　　　日期：

事本等纯文本编辑软件打开PS文件去修改代码，但在此众多的代码中找到要修改的地方是不现实的。因此，当在输出前发现PS文件的错误，只能退回到应用程序中去修改，再重新生成PS文件。

（4）传输、解释速度慢。PS语言文件较大，RIP过程中解释也必须耗费大量时间，大大制约了印前流程的生产效率。

因此，印刷工业急需一种规范化的、可编辑易浏览的印前输出标准文件格式代替PS。这就是PDF文件格式。

PDF文件格式与操作系统平台无关。也就是说，PDF文件不管是在Windows操作系统，Unix还是在苹果公司的MacOS中都是通用的。这一特点使它成为在互联网上进行电子文档发行和数字化信息传播的理想文档格式。越来越多的电子图书、产品说明、公司文告、网络资料、电子邮件在开始使用PDF格式文件，已成为全世界电子文档分发的公开标准。

PDF文件以PS语言图像模型为基础，无论在哪种打印机上都可保证精确的颜色和准确的打印效果，即PDF会忠实地再现原稿的每一个字符、颜色以及图像。

Adobe公司设计PDF文件格式的最初目的，是跨平台支持多媒体集成信息的出版和发布，而不用于印刷工业。但其用PS语言写成，可容纳位图和矢量图，并且可编辑易浏览，因此天然的代替PS格式成为印前输出的标准文件格式。其有适合于印刷出版的十大特点：

①页面独立性。页面独立性意味着PDF文件中的页面可以单独增删改。

②支持CMYK颜色空间。从PDF1.2版本开始，PDF开始支持CMYK颜色空间，而这种颜色空间乃为实现印刷复制所必需的条件。

③支持开放印前接口OPI（Open Prepress Interface），可以实现高分辨率图像替换，也就是在排版时采用低分辨率图像，输出时转换为高分辨率图像。

④支持复合字体技术。复合字体是指一个由特定的中文字体、标点、符号和特定的英文字体、数字组成的合成字体。当出版物中有中日韩、罗马字符、数字、符号等，可创建复合字体，将多种字体组合成一个新字体，大幅

学生姓名：　　　　　　　　　　班级：　　　　　　　　日期：

度提高排版效率和减少字体错误。

⑤支持补漏白（陷印）。以解决现有印刷设备因套印不准而可能在对象边缘出现“露白”。

⑥内置数字加网算法。从而允许针对不同的出版要求和印刷质量指定网点形状、加网线数和加网角度等参数。

⑦支持剪贴路径。从而可以将图像处理软件中输出的剪贴路径用作文字绕排的边界，实现图像退底。

⑧支持双色调和多色调图像。以实现单色印刷品以较多的层次级数复制。

⑨支持分色颜色空间。以实现从其他图像模式到CMYK模式的转换。

⑩支持印刷标记。提供在页面上放置咬口标记、裁剪标记、信号条或灰梯尺等，这有利于检查印版制版质量和印刷品印制质量。

活动2：生成PDF文件

根据提供的书刊排版文件，按照指定的PDF/X标准，生成符合印刷要求的PDF。

阅读材料1

PDF/X 标准

由于PDF文件并非仅仅用于印刷领域，所以不同用途的PDF文件可能包含不同的信息。例如：某些用于网络传递信息的PDF文件，可能采用RGB的方式记录色彩。有的PDF文件字体未嵌入，图像是低分辨率图像等。如果印前工作者所得到的PDF文件出现类似情况，则输出就会产生错误，或不能进行正常的输出。

由此可知PDF文件格式的这种灵活性虽然可以使得PDF文件用于不同领域的数据交换，但也给专业的印前工作者带来麻烦。为了进一步提高印前数

学生姓名：　　　　　　　　班级：　　　　　　　　日期：

据交换的可靠性，ISO制定了统一的PDF/X标准来规范PDF文件格式。

PDF/X文件格式是由PDF文件格式演化而来，为印刷系统专用的标准格式。PDF/X是PDF的子集，是被规范化了的PDF文件格式，因此它既代表PDF文件格式，又表示一种应用标准。

印前制作人员或设计师在完成文件制作时，将文件保存为PDF格式，选择PDF/X文件标准就可得到符合印刷标准的PDF文件。

简而言之，PDF/X是一种被规范化和特别设定了的PDF文件生成标准格式。

对于PDF/X标准在印刷工业领域的应用，目前有PDF/X-1、PDF/X-2、PDF/X-3、PDF/X-4和PDF/X-5等5代标准规范，而且对同一标准还存在不同的子标准。比如，PDF/X-1标准，有CGATS（美国印刷技术标准委员会）和ANSI（美国国家标准委员会）于1999年制定的PDF/X-1：1999，有ISO（国际标准化组织）于2001年制定的PDF/X-1：2001. PDF/X-1a：2001以及2003年制定的PDF/X-1a：2003四个不同的版本。

下面重点介绍3个由ISO发布的PDF/X标准规范。

1. PDF/X-1a

PDF/X-1a是PDF/X-1标准下的一个子标准，有两个标准版本。PDF/X-1a：2001版本采用PDF1.3版本修订而来的PDF/X标准，该标准支持CMYK色彩模式、灰度模式和专色模式，禁止使用RGB或Lab色彩模式的图像，同时禁止使用OPI与文件加密技术，并要求所用到的所有字体必须嵌入文件之中。PDF/X-1a：2003版本则是基于PDF1.4修订而来，但是它不支持透明度和JBIG2压缩技术。

2. PDF/X-3

PDF/X-3基于PDF/X-1a标准，有PDF/X-3：2002和PDF/X-3：2003两个标准版本，PDF/X-3：2002是兼容PDF/X-1a：2001标准的扩展集，PDF/X-3：2003是兼容PDF/X-1a：2003标准的扩展集。PDF/X-3标准除了在色彩模式上相比于PDF/X-1a有更大的灵活性外，其他限制都跟PDF/X-1a一

学生姓名：　　　　班级：　　　　日期：

样。PDF/X-3不仅可以使用CMYK色彩模式和专色数据，还允许使用RGB色彩模式和与设备无关的颜色数据，比如Lab色彩模式，并可对这些颜色数据实施色彩管理。这种在色彩模式上的灵活性使得采用PDF/X-3标准的PDF文件，既可以用于印刷出版输出，也可以采用RGB设备、复合打印等设备输出。

3. PDF/X-2

PDF/X-2是2003年由ISO制定的基于PDF1.4版本的PDF/X标准，它以PDF/X-1a和PDF/X-3为基础，并与二者兼容，可以像PDF/X-3一样使用CMYK，Lab等色彩模式进行数据处理和转换、支持ICC色彩管理技术、支持文件中的透明层效果和OPI外部对象。但不像PDF/X-1a和PDF/X-3标准那样规定所用字体必须完全嵌入文件，只需嵌入所用字体即可。这里为什么要先讲PDF/X-3后讲PDF/X-2。因为开发者在PDF/X-3之后创造了PDF/X-2。

总结一下，ISO发布的3类PDF/X标准规范，所定义的数据交换形式不同，适用范围也不同，就灵活性而言：PDF/X-2>PDF/X-3>PDF/X-1a。因此，不同印前工艺流程需选用不同标准规范，PDF/X-1a：2001广泛用于传统方式的印刷出版，PDF/X-3：2003广泛用于数字印刷、RGB设备、打印设备等。PDF/X-2暂时还没有应用于商业市场领域，不过其发展前途非常好。

阅读材料2

常用书刊排版软件

谈到印前制作工作的范畴，就不得不提到书册或杂志的排版工作。因为书册杂志的标准性和行业规范性，使得这种方法具有一定的技巧性和执行性。目前大部分的印刷厂对于书册杂志的印刷拼版工作大多处于手工拼版的方式，但随着电子数码排版技术的逐步推广，计算机排版必将取代手工拼版

学生姓名：　　　　班级：　　　　日期：

的作业行为。对于计算机排版软件的选用，目前国内的大部分的制作人员都是选用PageMaker、北大方正以及一些图形类如CorelDRAW、Illustrator、FreeHand等软件，部分外资企业正在向国内制作人员传授引进一些更先进科学的专业排版软件，如QuarkXPress等。

北大方正维思集成排版系统：从图文、表格、科技公式及棋牌等方面全面地提供了各种排版功能，具有“所见即所得”的直观性，特别适用于报纸及期刊的排版。软件系统命名为“维思”，一方面是取自英文缩写名WITS的谐音（全名为Widow-Based Integrated Typsetting System），另一方面据说是科学思维的结晶，是目前出版印刷业中使用最广泛、功能最完善的电子出版系统。

专业排版软件：Adobe InDesign是一个功能强大的桌面排版软件，从创建页的宣传单到多页的书刊（信笺、包装、手册、新闻稿）都能出色完成任何一种组版效果，同时该软件具有高精度和可控性，能使相关人员的工作更加轻松快捷。

方正飞腾创艺的主要功能如下：

强大的文本编排功能；强大的图形图像处理功能；高效的对象管理功能；快捷的表格处理功能；方便的页面设置功能。

方正飞腾与InDesign功能比较分析

在印前制作领域中排版软件Adobe InDesign被誉为“排版天才”，而北大方正的飞腾软件大量应用于报社和出版社，受到了很多好评。这两款排版软件都以其强大的功能占据了广泛的市场。排版软件最主要的功能是处理好文字、图形、图像三者在版面中的关系，而文字处理又是排版中最关键的部分。在此对InDesign和飞腾软件的功能和特点做如下比较，可供学生参考：

InDesign是由PageMaker 7.0发展而来的，PageMaker目前已停止研发，已由InDesign替代。

作为排版界后起之秀，InDesign提供了一套完整的工具，用来产生专业、高品质的出版刊物。它的稳定性、高品质及多变化的功能特别受到使

学生姓名：　　　　　　　　班级：　　　　　　　　日期：

用者的赞赏。另外，在7.0版中添加的一些新功能，能够以多样化、高生产力的方式，通过印刷或是Internet来出版作品。还有，在7.0版中，为与Adobe Photoshop配合使用提供了相当多的新功能。InDesign在界面上及使用上就如同Adobe Photoshop，Adobe Illustrator及其他Adobe的产品一样，可以更容易地运用Adobe的产品。最重要的一点，在InDesign的出版物中，置入图的方式最优。通过链接的方式置入图，可以确保印刷时的清晰度，这一点在彩色印刷时尤其重要。

新版InDesign可以在WWW中传送HTML格式及PDF格式的出版刊物，同时还能保留出版刊物中的版面、字体以及图像等。在处理色彩方面也有很大的改进，新版InDesign提供了更有效率的出版流程，而其他新增功能也同时提高了和其他公司产品的相容性。

方正飞腾是目前国内最优秀的排版软件，具有高品质、高效率、高稳定性的特点，主要表现在：

（1）让客户轻松上手工作。传承方正传统排版软件操作习惯，借鉴现代主流设计软件高效操作，适配Windows10、Windows11等最新系统。界面简洁，操作流畅，实现交互与所见即所得，大幅降低学习门槛，新手也能快速上手，方正维思老用户切换使用，一周内就能熟练开展工作。

同时，飞腾具备强大兼容性，可轻松读取维思PUB文件，支持以S2、PS、EPS等常见格式导入，充分盘活用户过往投资，助力创意与排版工作高效开展。

（2）保证客户的组版效率是最高。自动勾边、自动文压图调整文字和图片之间的作用效果，文本自动在框内调整字号，文字在框内快速对齐；多步REDO，UNDO功能；合版功能，满足多人同组一版的需求；文件合并功能，满足多人制作同一刊物的需要。

（3）充分发挥客户对版面的创意。提供常用的图形功能，并设置丰富的渐变效果；对图形做立体底纹，平面透视等特殊效果；对图元设置特殊的勾边效果，让用户轻松调用丰富的图形创意；文字排版到任意区域内，文字沿

学生姓名：　　　　　　班级：　　　　　　日期：

任意线条做沿线排版并做渐变处理；对文字块做特殊的裁剪勾边效果；对任意的版面对象做旋转、倾斜和镜像操作；封闭的图形作为裁剪路径；文字的轮廓直接作为裁剪路径；通过图元合并形成复杂的图形效果，并可作为裁剪路径，上述裁剪路径可以裁剪任何对象，形成艺术效果；文字可转为图形，作为图形进行各种相关的操作。文字块可以直接设定各种渐变方式，飞腾让客户的创意充分施展出来。

（4）让客户的设计制作自由而不失精确。提供范围在20%～700%的缩放比例，并方便地在实际大小和全页显示之间切换；提供精确的背景格、参考线和捕捉到背景格；参考线上的功能，对话框参数自动记忆、快速设置。飞腾总能在客户最需要的时候，提供恰当的工具，完成工作。

（5）为客户提供强大的编辑排版工具。满足中文排版的各种要求：文字的横竖排、禁排处理、行距、字距、标点类型、分栏等；在图形编版方面，提供了矩形、圆角矩形、圆、菱形、直线、多边形和三次曲线等丰富的图元工具，图元组合生成复杂的图形；提供多种线型、花边和装饰底纹，接收多种图像格式，对图像进行多种类型的处理操作；丰富的对象操作功能。仅一个软件就可满足多种类型出版物的复杂版面编排的要求。

（6）让客户的印刷工作无后顾之忧。提供完整的前后端补字方案；输出标准的PostScript格式并支持OPI1.3标准发排PS文件可前端控制分色，对于没有后端分色输出设备的用户来说可以得到CMYK四色的胶片；飞腾提供打包传版解决方案，便于发送给印刷出版商印刷，加上和方正世纪RIP方正字库的紧密配合，解除客户印刷的后顾之忧。丰富的字体、漂亮的彩色大样、所见即所得的交互界面，减少打样次数，保证印刷效果的准确性，降低整个出版过程的成本。

（7）第四媒体网络的挑战。信息数字化密集存储，实时更新，图文、声音、视频等多种表现形式，信息多向互动传播。通过输出为标准的PDF文件支持上网和光盘出版的要求，让客户跟上网络时代的发展步伐。

（8）持续不断地满足客户新的要求。接受COPYDOT扫描仪输出的DCS

学生姓名：　　　　　　　　班级：　　　　　　　　日期：

格式，配合CTP数字化流程的要求，适应客户持续不断的新要求。客户的新问题和新要求是飞腾发展的源动力。

方正飞腾和InDesign同样作为专业排版软件，方正飞腾偏向于排版，InDesign更偏向于版式设计，在操作上有很多相似的地方，如快捷键、环境设置方面等，经过多年的教学经验，结合学生的实际情况，在方正专业课程设置方面需要注意，开课时候需要尽量错开时间，避免同一阶段开设这两门课程，以免学生混淆，达不到预期的效果。

活动3：手动检查印前质量项目

根据提供的书刊文件，使用选定的印前检查工具，请检查文件属性、字体、页数、页面框、尺寸是否符合印前质量项目检查单要求，并填写书刊印前质量项目检查单（表2-8）。

书刊文件 .pdf

表 2-8　书刊印前质量项目检查单

产品名称：　　　　　　　　　　　　　　　　　　　　年　　月　　日

检查文件	文件接收状况：		修改文件替换记录：	
	成型方式：裁切□　　模切□			尺寸要求□
	文件检查□	图片检查□	出血检查□	文字检查□
	印刷色数：正面四色□　双色□　单色□　专色□ 背面四色□　双色□　单色□　专色□			文件校对□
	配套工艺：			特殊工艺：
	印刷套准线□		印刷标识□	
	印刷机型□		咬口尺寸□	
	印版数量：正面　背面		挂网参数：	

学生姓名：　　　　　　　　班级：　　　　　　　　日期：

续表

文件信息	文件存储位置	服务器□	桌面□	其他□
	文件存储更新	老文件删除□		
		新文件替换□		
	印前使用软件			
	修改信息记录			
备注				业务员 / 客户签字
作业检查（班长）	文件使用情况□ 挂网导出参数□	拼版情况□ 过往文件处理情况□	数码印刷情况	
制作员：			质检员检查：	

活动4：创建检查规则

观摩书刊的预飞设置和结果视频的演示操作，根据书刊印前质量项目检查单要求，设置文档预检规则并执行检查操作，生成预飞检查报告。

书刊的预飞设置和结果视频

活动5：自动检查印前质量项目

根据活动3生成的预飞检查报告，确认检查项目内容的完整性，如果不完整需修订相应的预检规则，并再次执行预检，生成预检报告。

阅读材料

印前检查配置文件

印前检查的成功与否取决于定义的检查条件，检查条件被封装在一个文件中，该文件被称为印前检查配置文件。印前检查配置文件包括一个或多个检查、修补或同时包含检查和修补。每个检查又包括一个或多个验证PDF内

学生姓名：　　　　　　　　班级：　　　　　　　　日期：

容的属性声明。

Acrobat Pro中已包括多种预定义的印前检查配置文件并分组管理，缺省分组有“PDF分析”“PDF修正”“印前”“PDF/X规范”“PDF/A规范”“PDF/E规范”“PDF/X规范”“数字印刷与联机分布”等。每组中的每个规则都对应一组特定的检查条件，可以直接使用或者在此基础上修改创建满足特定需要的配置文件。

在印前检查配置文件中预设了颜色、字体、透明度、图像分辨率、油墨覆盖范围、PDF版本兼容性以及其他问题的检查参数，以用来检查PDF文件是否符合特定出版和印刷的要求。

这里以印刷加网线数175lpi四色胶印的一般要求自定义一个印前检查配置文件：

文档（Document）：信息提示，Acrobat 6.0（PDF1.5）。

页面（Pages）：关闭。

图像（Image）：分辨率低于150ppi，报错；分辨率高于450ppi，警告；位图图像分辨率低于600ppi，报错；位图图像分辨率高于2400ppi，警告；图像未使用压缩，信息提示；图像使用压缩，警告；图像使用OPI，警告。

颜色（Colors）：PDF图像在CMY色版上，信息提示；多于1个专色，报错；使用RGB颜色，报错；使用设备无关颜色，报错。

字体（Fonts）：字体未嵌入，报错。

渲染（Rendering）：使用透明，报错；使用自定义半色调设置，警告；使用自定义转换曲线，警告；线宽小于0.14磅（1磅=0.453592kg），警告。

有关“PDF/X、PDF/A and PDF/E”的项目，关闭。

自定义检查（Custom checks）：添加“Invisible text objects”检查，查看是否有不可见文本对象；添加“小于5磅的文字”检查；添加“CMYK图像设为叠印”检查；添加“RGB对象设为叠印”检查；添加“总油墨覆盖超过320%”检查等。

学生姓名：　　　　　　班级：　　　　　　日期：

2.3.2 学习任务 2：文件修正★★

学习目标

表 2-9 书刊文件修正的学习目标

目标类型	学习目标	学习活动	学习方式
知识目标	能够正确解读预飞检查报告并分析印前质量检查问题点的成因	活动 1	课堂学习
技能目标	能够根据检查结果修正文件中不符合印刷质量要求的内容	活动 2	实训学习
	能够对修改结果进行验证	活动 2	实训学习

学习活动

活动1：分析印前质量检查项问题

根据前面文件预检任务中生成的预飞检查报告，核对书刊印前质量项目检查单，分析书刊文件的质量问题、成因和影响，把分析结果填到印前检查项问题分析与对策表中（表2-10）。

表 2-10 印前检查项问题分析与对策表

检查项目	检查问题描述	对策

学生姓名：　　　　班级：　　　　日期：

活动2：执行修正并验证结果

根据书刊印前质量项目检查单，对书刊文件的质量问题进行修正，并验证修正结果，得到符合印前质量要求的书刊文件。

阅读材料1

文件修正涉及的相关概念

1. 色彩空间

色彩空间是以某种模式描述的所有颜色的集合。比如以RGB模式描述的颜色在某一台显示器上显示时组成一个RGB空间，以CMYK模式描述的颜色通过某种印刷流程印刷出来后组成一个CMYK空间，以$L^*a^*b^*$模式描述的颜色组成$L^*a^*b^*$空间。

2. 色彩模式

色彩模式是描述使用一组值（通常使用3、4个值或者颜色成分）表示颜色方法的抽象数学模型。例如三原色光模式（RGB）和印刷四色模式（CMYK）。

3. 透明度

透明度是描述物体表面透明程度的概念，本意是指光的透过程度，一般用百分数表示。可以把透明度比作一层薄膜，薄膜越薄，透光度也就越好，也就越透明。同样地，透明度越低，则透光度越差，也就越不透明。在图像处理中，其透明度是指图层透明程度，通过更改图层的透明度或不透明度，以便显示更多（或更少）的底层图像。

4. 叠印

叠印指某种色彩压在另一种色彩上，使之产生另外一种色彩效果。

5. 补漏白

一种深色与一种浅色相接时，让它们在交界处互相扩张，产生一点重叠，这样一来印刷时即使套不准也不会漏白，也叫陷印。

如图2-1所示，A图是没有进行补漏白工艺，由于套印不准，导致两色

学生姓名： 班级： 日期：

交界的地方露出纸张的白色。B图是进行补漏白工艺，即使套印不准，也不会导致两色交界的地方露出纸张的白色。

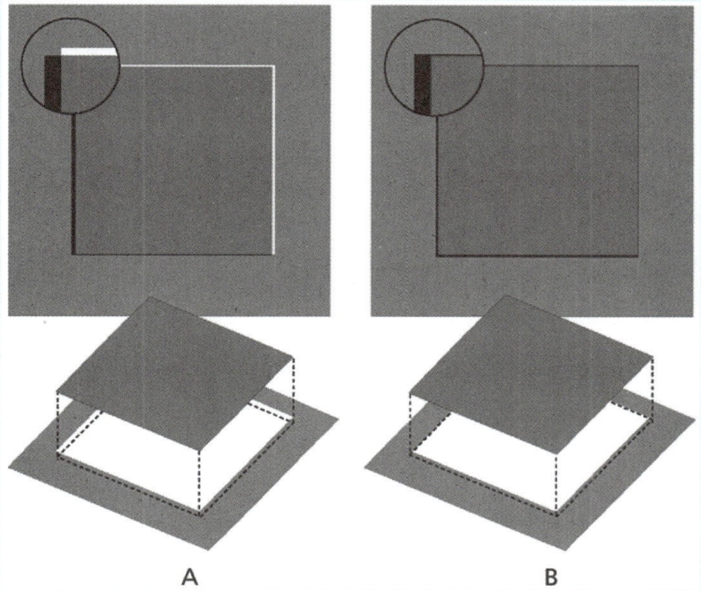

图 2-1 补漏白示意图

阅读材料2

常用软件工作色彩空间国际标准（欧洲、日本、北美）

ColorMatch RGB空间：是一种与Radius Pressview显示器相匹配的色彩空间。

Adobe RGB（1998）：是Adobe公司开发的用于印前校色的色彩空间，色域范围较宽，能够模仿大多数印刷油墨的颜色。值得注意的是，AdobeRGB（1998）并不是具体某种品牌的显示器的色彩空间，而是一台虚拟显示器的色彩空间。对于用于印刷或高档打印目的图像处理工作，应选择Adobe RGB（1998）。

sRGB IEC61699-2.1：是电脑、扫描仪和数码相机常用的RGB空间。

学生姓名：　　　　　　　　班级：　　　　　　　日期：

以上3种RGB空间的色域大小为：Adobe RGB（1998）＞ColorMatch RGB＞sRGB IEC61699-2.1。

Coated FOGRA27：针对涂布纸印刷符合FOGRA27标准形成的CMYK空间。

Coated FOGRA39：针对涂布纸印刷符合FOGRA39标准形成的CMYK空间。

Coated GRACoL 2006：针对涂布纸印刷符合GRACoL标准形成的CMYK空间。

Japan Color 2001 Coated：针对日本标准油墨和涂布纸印刷的CMYK空间。

Japan Color 2001 Uncoated：针对日本标准油墨和非涂布纸印刷的CMYK空间。

Japan Color 2002 Newspaper：针对日本标准油墨和新闻纸印刷的CMYK空间。

Japan Color 2003 Web Coated：针对日本标准油墨和卷筒涂布纸印刷的CMYK空间。

Euroscale Coated v2：针对欧洲标准油墨和涂布纸印刷的CMYK空间。

Euroscale Uncoated v2：针对欧洲标准油墨和非涂布纸印刷的CMYK空间。

U.S. Web Coated（SWOP）：针对美国标准油墨和卷筒涂布纸印刷的CMYK空间。

U.S. Web Uncoated（SWOP）：针对美国标准油墨和卷筒涂布纸印刷的CMYK空间。

U.S.Sheetfed Coated v2：针对美国标准油墨和单张涂布纸印刷的CMYK空间。

U.S.Sheetfed Uncoated v2：针对美国标准油墨和单张非涂布纸印刷的CMYK空间。

U.S.Newsprint：针对美国标准油墨和新闻纸印刷的CMYK空间。

学生姓名： 班级： 日期：

2.3.3 学习任务3：数字拼大版★★★

学习目标

表 2-11 书刊数字拼大版的学习目标

目标类型	学习目标	学习活动	学习方式
知识目标	能够理解与书刊拼版相关的概念	活动 1	自主学习 实训学习
	能够理解折手与拼大版之间的关系	活动 1	自主学习 实训学习
技能目标	能够使用拼大版软件中的书刊拼大版流程	活动 1 活动 2 活动 3	实训学习
	能够根据设备、工艺和产品类型创建书刊拼大版规则	活动 1 活动 2 活动 3	实训学习

学习活动

活动1：骑马订拼版操作

根据提供的书刊文件（内页），按照骑马订的装订方式、生产设备参数，计算最省纸的开纸尺寸。使用书刊拼大版流程，创建书刊拼大版模板，生成大版PDF文件。

活动2：无线胶订拼版操作

根据提供的书刊文件（内页），按照无线胶订的装订方式、生产设备参数，计算最省纸的开纸尺寸。使用书刊拼大版流程，创建书刊拼大版模板，生成大版PDF文件。

活动3：封面拼自翻版拼版操作

根据提供的书刊文件（封面+内页），分别按照自翻版和正反版两种印刷方式、生产设备参数，计算封面和内页的最省纸开纸尺寸。使用书刊拼大版流程，创建书刊拼大版模板，生成大版PDF文件。

书刊文件（内页）.pdf　　书刊文件（封面 + 内页）.pdf　　拼版视频

学生姓名：　　　　班级：　　　　日期：

阅读材料1

拼大版的相关概念

1. 折手拼

折手拼拼版版式是通过折叠样张的方式得到的，根据印张折叠成书帖时与出版物页面顺序相符的版式称为折手。折手拼主要用于样本、书籍、画册等需要规则折页的印刷品，这种拼大版方式的过程比较复杂，需要操作人员有一定的印刷和印后加工专业知识，如印刷纸张尺寸与定量、印刷机幅面和折页方式等。

2. 爬移、铣背

（1）爬移：指定页面从书脊移动以适应纸张厚度与骑马订文档中的纸张折叠的距离。其作用是让所有页面版心完全重合。

（2）铣背：指用铣刀或锯刀将书芯后背铣开或铣成沟槽状，便于胶液渗透的一道工序。

3. 贴标（配贴）

贴标又称折标，俗称黑方块。印在每个书帖最外面的中缝外，按顺序从高到低。配页后折标在书芯毛本书脊处呈梯形排列。如出现重叠、空缺或地位不准，便表示有配页重帖、缺帖或错帖等错误。由于它能一目了然地检查出配页的质量问题，目前检查折标位置已成为保证装订质量的一项重要措施。

4. 装订方式

出版装订成册的方法，常见的有骑马订、无线胶订、锁线订等方式。

（1）骑马订：装订时将各个书帖嵌套在一起，然后用书钉订在书脊上的一种装订形式，适用于页数较少的书本装订。

（2）无线胶订：装订时将各个书帖平行叠加在一起，书帖上机后经过磨脊刀铣背，打毛和开槽后再用热熔胶黏合书芯的一种装订方式，适用于较厚的书本装订。

（3）锁线订：装订时将各个书帖平行叠加在一起，在书脊面将所有的书帖用织线的方法上下缝接锁紧的一种装订方式，适用于较厚的书本装订。

学生姓名： 班级： 日期：

5. 折手方案

折叠样张的方法，其工作过程称为折页，即将印刷好的印张，按照页码顺序和印张大小，通过折页机或手工折成书贴的过程。常见的折页方法有垂直交叉折、平行折、包心折、风琴折、混合折、双（单）联折等。

①垂直交叉折：纸张横着对折，再竖着对折，打开有十字折痕，如图2-2所示。

②平行折：纸张横着对折，右边方向往左边方向折，如图2-3所示。

③包心折：分为三折，第一折往第二折右边方向折，第三折往第二左边方向折，由外往内折，如图2-4所示。

④风琴折：也叫翻身折或经折，像手风琴一样，第一折往右边折，第三节往左边折，以此类推，如图2-5所示。

⑤混合折：既有垂直交叉折，又有平行折的折页方法，如图2-6所示。

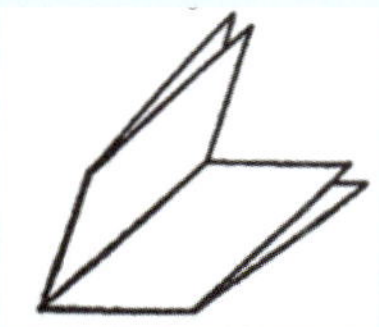

图 2-2 垂直交叉折

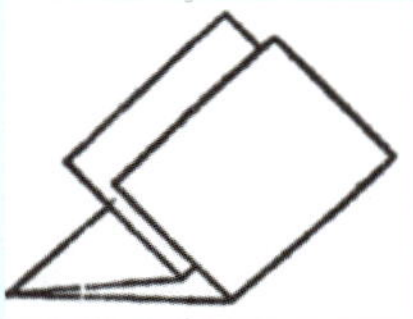

图 2-3 平行折

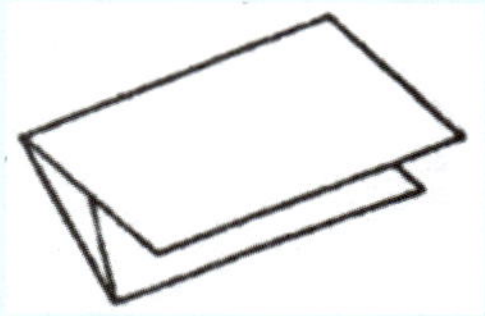

图 2-4 包心折

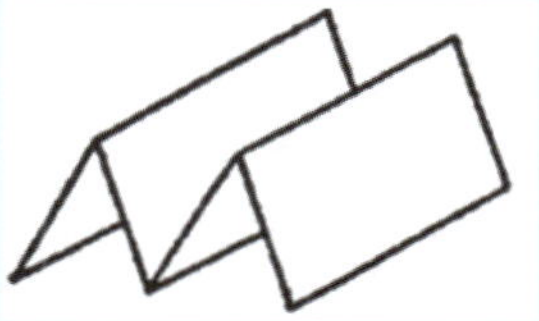

图 2-5 风琴折

图 2-6 混合折

⑥双（单）联折：根据折帖的联数，可以分为双联和单联折页。上下页连接成一帖，即有两组相同的页码称为双联，如图2-7所示。在同一帖上经印刷、折页、装订、裁切之后成两本相同成品的方式，双联折有利于提高装订作业效率。单联的上下页页码不同，如图2-8所示。其在同一帖上印刷，裁切成相邻两帖经配页装订裁切成成品的方式。

学生姓名：　　　　　　　　班级：　　　　　　　　日期：

图 2-7　双联折

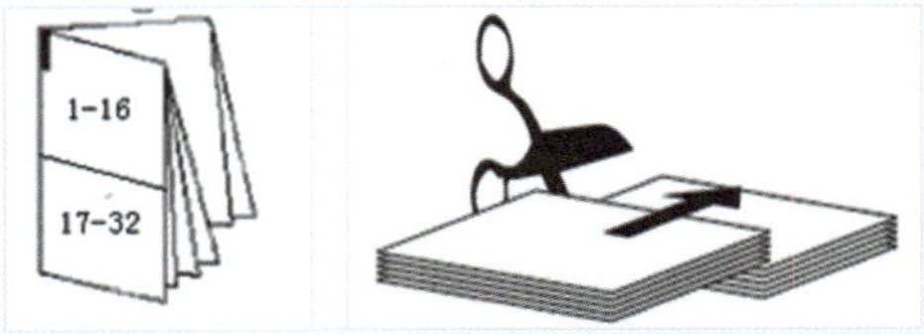

图 2-8　单联折

6. 印刷方式

上机印刷时，印张的第一面和第二面被印制的形式。常见的印刷方式有双面印刷机、单面印刷机（又分为三种：自翻、滚翻和正反版印刷）。

（1）双面印刷机：在一次走纸过程中，完成对印张第一面和第二面的印制，这种带有印张翻转设施的印刷机叫作双面印刷机。

（2）单面印刷机：一次走纸只能印刷印张的一个面，印制第二面时，需要印刷机操作人员把印张收回再印第二面。对于单面印刷机来说又有3种印刷方式：自翻、滚翻和正反版印刷。它们的不同在于印张第一面被印完后印张如何处理。

①自翻：也叫左右翻，指一个印品的正面和背面同在一张印版上，纸张的长边为叼口边，第一面印刷后翻转，该面叨纸牙保持不动。这就意味着当印第二面时，印刷机所抓的纸张叨口同第一面相同。印完后，在该纸张的中间裁切，而得到两份完整的相同印件。

②滚翻：也叫天地翻，与自翻相似，只不过是印张第一面被印刷后，纸面不翻转，而是滚动。这就意味着纸张叨口不在纸张的同侧。目前滚翻已经很少使用，主要是用于无法自翻版的印件。

③正反版印刷：也叫套版印刷，是分别用不同的印版印制印张的第一面和第二面，因此需要两个独立的印刷版，每一张版用于一面印刷。

7. 书刊常见开本（国标）

开本是指书刊幅面的规格大小，即一张全开的印刷用纸裁切成多少张。常见的有32开（指裁切成32张，多用于一般书籍）、16开（指裁切成16张，多用于书刊、杂志）、64开（指裁切成64张，多用于中小型字典、连环画等）。

学生姓名：　　　　　　　　班级：　　　　　　　　日期：

阅读材料2

成品与纸张尺寸的关系（成品开本 / 纸张开本）

情形1：如图2-9所示，骑马订-正反版印刷-16P头对头拼版示意图。

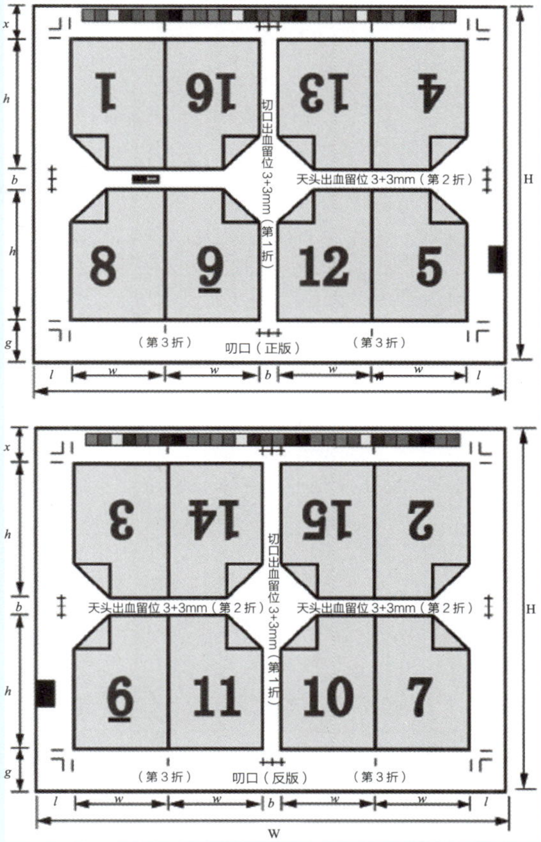

图 2-9　正反版印刷—16P 头对头拼版示意图

开纸宽度：$W=4w+2l+b$；开纸高度：$H=2h+b+g+x$。

成品宽度：w；成品高度：h。

叨口位g：11～12mm；拖稍位x：$5\text{mm}<x\leqslant g$。

出血位b：b=（3+3）mm；拉规位l：l=3mm+（5～7）mm。

折页方式：垂直三折。

学生姓名：　　　　　　　　　　班级：　　　　　　　　日期：

情形2：如图2-10所示，无线胶订-正反版印刷-16P头对头拼版示意图。

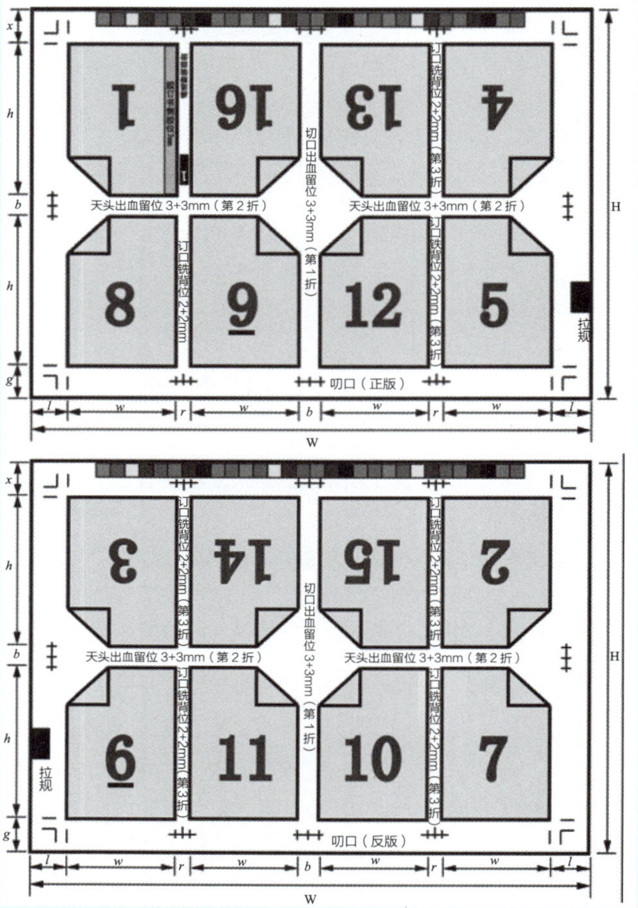

图 2-10　无线胶订 - 正反版印刷 -16P 头对头拼版示意图

开纸宽度：$W=4w+2l+b+2r$；开纸高度：$H=2h+b+g+x$。

成品宽度：w；成品高度：h。

叼口位g：11～12mm；拖稍位x：5mm$<x\leqslant g$。

出血位b：b＝（3+3）mm；拉规位l：$l\geqslant$5mm。

铣背位r：（2+2）mm。

折页方式：垂直三折。

学生姓名：　　　　　　　　　班级：　　　　　　　　日期：

2.3.4 学习任务 4：搭建数字化工作流程 ★★★

学习目标

表 2-12 书刊搭建数字化工作流程的学习目标

目标类型	学习目标	学习活动	学习方式
知识目标	能够理解数字化工作流程	活动 1	自主学习
技能目标	能够设定文件预检与修正的参数	活动 1	实训学习
	能够设定设备输出参数	活动 1	实训学习
	能够创建工作组模板	活动 1	实训学习
	能够调试并优化工作流程模板	活动 2	实训学习

学习活动

活动1：配置工作流程模板

根据设定好的工作模块，搭建数字化工作流程并运行，检测搭建工作流程的可行性，完成指定文件（数码稿或TIFF-B文件等）的输出。

书刊的数字化工作流程创建指引

小贴士

工作流程的可行性（每个模块能够完整运行，得到一个输出结果）。

学生姓名：　　　　班级：　　　　日期：

阅读材料

数字化工作流程

通过计算机及其网络将出版印刷生产的各个工序与环节集成，构建一个包括印前、印刷、印后及过程控制与管理的全数字生产作业的数字集成出版系统。广义的数字化工作流程包括图文信息流和控制信息流两大部分。图文信息流解决的是“做什么”的问题；而控制信息流则解决“如何做”“做成什么样”的问题。将印前处理、印刷、印后加工工艺过程中的多种控制信息纳入计算机管理，用数字控制信息流将整个印刷生产过程联系成一体，这就是“数字化工作流程”的基本宗旨。

印刷文件规范化

印刷文件规范化：将用于数字化工作流程的PDF文件规范化到标准的统一的数据文件，这一过程称为印刷文件规范化。

活动2：应用工作流程模板

根据以下指定的工作场景要求，调整和优化工作模块参数，输出指定文件（数码稿或TIFF-B文件等）并检验工作流程的有效性

【工作场景要求】加网参数设置情况如下：

（1）加网线数：175lpi。

（2）网点形状：圆方网。

（3）加网角度为C：45°；M：75°；Y：90°；K：15°。

学生姓名： 班级： 日期：

阅读材料

应用工作流程模板的相关概念

1. 数码打样

把彩色桌面系统制作的页面（或印张）数据，不经过任何形式的模拟手段，直接经彩色打印机（喷墨、激光或其他方式）输出样张，以检查印前工序的图像页面质量，为印刷工艺提供参照样张，并为用户提供可以签字付印的依据。数码打印系统由彩色打印机和专业的色彩管理软件组成。数码打样按照其使用用途可分为版式打样和合同打样。版式打样也叫打蓝纸，是以印刷大版为输出单位的一种相对快速但低精度的打样，主要是为了检查拼大版版式是否正确。因此比较注重打样速度，而对质量要求并不高，故一般不作色彩管理，多采用兼容或替代的墨水，普通书纸即可。合同打样是以客户签字付印的打样，因此对质量要求较高，需进行色彩管理。

2. CIP3/CIP4

CIP3即“Internat iona l Cooperation for Integration of Prepress，Press and Postpress”是由包括Adobe，Agfa，Fuji，Kodak，Heidelbeg等家印前、印刷和印后加工设备开发商组成的联盟，致力于发展与促进印前、印刷、印后加工工序的垂直整合。CIP3中的PPF规范着重在印前、印刷、印后加工三者之间的信息分享与无障碍地传递。CIP3中的PPF规范中所包含的内容主要有：管理信息、墨槽键预设及预视资料、转换曲张、归位、十字线资料、色彩及浓度信息、折纸及裁切信息、个别厂商专属资料区、配帖、装订、三面修边等信息。这些信息虽然不能为传统的PostScript RIP解释，但它们会在印刷环节以及印后加工环节得到有效的应用。

CIP4即“Internationa l Cooperation for Integration of Processes in Prepress，Press and Postpress ”联盟，是合并了CIP3联盟与JDF联盟而来，CIP3联盟所发展的内容及架构不变，但再加JDF联盟所发展的内容成为CIP4。JDF即作业描述格式（Job Definition Format），是一种基于XML（可扩展标志语言）用于作

学生姓名：　　班级：　　日期：

业的描述及交换的开放式文件格式。它建立在CIP3联盟的PPF和Adobe的PJTF数据格式的基础之上，涵盖了印刷工作流程中的各个环节，它使得印前、印刷、印后成为一体。CIP3时代的PPF与Adobe的PJTF格式，都是为了实现全数字化的印刷工作流程而开发的。其中PPF文件存储并传送印前、印刷及装订等的信息，而PJTF文件则存储和传送设计和印刷工作的管理信息。而JDF整合并规范了这两种信息进行传送，令印刷真正实现了数字化。

3. 屏幕软打样

屏幕打样，也叫屏幕软打样或软打样，就是在屏幕上仿真显示印刷输出的效果的打样方法。软打样通过使用输入设备、输出设备和显示器的相应转换表来显示复制品中最终出现的图像的精确样式。

由于其直接在屏幕上仿真显示印刷输出效果，因此，具有直观方便，再现灵活的优点，而且软打样不需要材料的损耗。所以，软打样受到了图像色彩校正人员的欢迎，也是以后技术发展的方向。

屏幕软打样的关键技术在于屏幕的精确校正和整个系统的色彩管理，其中屏幕校正就是对显示器进行测试和调整，使其特性符合某种状态的设备特征，或产生符合当前工作状态的新的设备特征。而色彩管理系统将支撑监视器色域和打印机与胶印机色域中颜色之间的相互仿真转换。

4. 加网参数

加网参数包括网点形状、网点角度、加网线数等参数。

5. 校准曲线

CTP的校准曲线分为线性化校准曲线和网点补偿曲线（也叫网点过程校准曲线）。

线性化校准是指直接制版机在输出时保证CTP印版上得到的网点百分比与数字文件上图像的标称网点百分比一致，即图像上25%的网点输出到印版上也要求为25%。根据印版上网点曲线和期望目标曲线可由系统自动计算得到线性化校准曲线。

学生姓名： 班级： 日期：

2.3.5 学习任务 5：CTP印版输出★★

学习目标

表 2-13 书刊 CTP 印版输出的学习目标

目标类型	学习目标	学习活动	学习方式
技能目标	能够使用检测工具检测印版质量	活动 1	实训学习

学习活动

活动1：印版质量检测

针对输出的印版文件——书刊的TIFF-B文件，根据印版检测质量标准，用检测工具（印版测量仪器、放大镜、尺子）检测输出的印版版面质量，填写书刊CTP印版质量检查表（表2-14）。

表 2-14 书刊 CTP 印版质量检查表

日期	工单号	操作者	版材	色版	补偿曲线	是否断线或缺字	是否白线或条纹	是否底污	网点还原50%	网点还原2%	网点还原98%	10～12 μm 细线断线	咬口

学生姓名：　　　　　　　　　　班级：　　　　　　　　　　日期：

续表

日期	工单号	操作者	版材	色版	补偿曲线	是否断线或缺字	是否白线或条纹	是否底污	网点还原50%	网点还原2%	网点还原98%	10 ~ 12 μm 细线断线	咬口

注：网点角度为默认角度时（C105°　M45°　Y90°　K75°　专色45°），请在框内打√。

阅读材料1

印版测量仪的操作指引

印版测量仪Icplate Ⅱ操作步骤：

①完成仪器的校准。用印版测量仪测量校准板，测量点的结果和校正板右上角上的数据，上下不能相差0.5，即完成仪器的校准。

②将印版放在测量孔下，可以使用辅助定位来确定准确的测量部位。

③压下测量头，略等一下，不要立即松开。

④当测量值显示在显示器上后松开仪器，即可从显示屏上读取测量的网点值、角度、线数等数据。

⑤测量结束后将仪器放回箱子。

其他相关知识请扫描二维码自主学习。

相关知识

学生姓名： 班级： 日期：

阅读材料2

印刷技术 胶印数字化过程控制

第 7 部分：计算机直接制版

1 范围

GB/T 34690的本部分规定了胶印数字化过程控制中，计算机直接制版所涉及的术语和定义、制版设备要求、胶印版材性能要求、过程控制要求及检验方法。

本部分适用于胶印计算机直接制版，其他印版方式可参照使用。

2 规范性引用文件

下列文件对于本文件的应用是必不可少的。凡是注日期的引用文件，仅注日期的版本适用于本文件。凡是不注日期的引用文件，其最新版本（包括所有的修改单）适用于本文件。

GB/T 26553—2011 印刷机械 热敏型计算机直接制版机

GB/T 34690.4—2017 印刷技术 胶印数字化过程控制 第4部分：输出文件制作

3 术语和定义

下列术语和定义适用于本文件。

3.1

计算机直接制版 computer to plate

通过计算机和相应设备直接将图文记录到印版上的制版方法。

注：改写GB/T 9851. 1—2008，定义2.9。

3.2

胶印版材 offset（printing）plate

表面经过涂布处理，可以在其上产生转移油墨的区域和不转移油墨的区域而且两种区域处于同一平面的平板工件。

[GB/T 17934.2—1999，定义3.1]

学生姓名：　　　　　　　　班级：　　　　　　　　日期：

3.3

印版　printing plate

用于传递呈色剂/色料（如油墨）至承印物上的备印图文载体。

[GB/T 9851.1—2008，定义4.8]

3.4

网点　dot

构成印刷图像的基本元素。通过其面积和/或空间频率的变化再现图像的阶调和颜色。

[GB/T 9851.2—2008，定义2.7]

3.5

网点覆盖率　dot area coverage

网点覆盖面积与总面积之比。通常用百分数表示。

[GB/T 9851.1—2008，定义4.23]

GB/T 34690.7−2017

3.6

阶调值　tone value

图像阶调的数值量度。在印刷复制技术中，常以网点覆盖率表示。

[GB/T 9851.2—2008，定义2.9.2]

3.7

网目角度　screen angle

不同色版网目轴与基准轴之间最小的夹角。

[GB/T 9851.1—2008，定义4.26]

3.8

CIP3

印前、印刷和印后过程整合（集成）的国际合作组织，即International Cooperation for Integration of Prepress，Press and Postpress的缩略语。

学生姓名： 班级： 日期：

[GB/T 9851.2—2008，定义2.20]

3.9

CIP4

印前、印刷和印后多种相关过程整合（集成）的国际合作组织，即International Cooperation for the Integration of Processes in Prepress，Press and Postpress Organization的缩略语。

[GB/T 9851.2—2008，定义2.21]

3.10

控制块 control patch

用于测量或控制而制作的参照块（由网点、线条或实地等几何图形构成）。

[GB/T 18722—2002，定义3.3]

3.11

测控条 control strip

一维排列的控制块集合。

[GB/T 18722—2002，定义3.4]

4 制版设备要求

4.1 重复精度

符合GB/T 26553—2011中5.3.5的要求。

4.2 成像幅面精度

符合GB/T 26553—2011中5.3.7的要求。

4.3 位置精度

同一制版机于同一张版材上连续两次曝光输出线条测试文件，位置精度应不大于0.05mm。

5 胶印版材性能要求

胶印版材应满足表1所规定的技术要求。

学生姓名：　　　　班级：　　　　日期：

表 1　胶印版材技术要求

序号	项目	技术要求
1	网点再现能力	用于 68.8 线 /cm 加网时，2% ~ 98% 的网点应完好再现
2	网点均匀性	满版 68.8 线 /cm50% 网点平网在印版版面任意位置的网点阶调测量值的最大值与最小值差应不大于 1%
3	外观质量	版材表面平整，涂层应均匀，无划伤、折痕、气泡、脏点、白点等用目视可察觉的瑕疵

6　过程控制要求

6.1　制版前准备

6.1.1　应确认版材、显影液 / 补充液、保护胶包装完好，且处于保质期内。

6.1.2　应确认版材的型号及规格与制版机设定相匹配。

6.1.3　应对制版设备做线性化校准，印版网点百分比允差符合表2要求。

表 2　网点百分比允差值

指标	数值		
网点百分比	20%	50%	80%
允差	1%	1.5%	1%

6.2　制版

6.2.1　使用GB/T 34690.4—2017要求的大版文件和印刷ICC色彩特性文件制作印版。

6.2.2　输出印版时宜生成油墨预置文件，如生成符合CIP3/CIP4技术规范的油墨预置文件供印刷时使用。

6.2.3　根据作业指示文件上的要求，于输出系统中设定印版制版的加网线数、网目角度以及网点类型等参数。

学生姓名：　　　　　　班级：　　　　　　日期：

6.2.4　每输出160张版材或间隔8h，宜检测一次显影液的电导率，以确保显影液浓度处于正常范围内。

6.2.5　宜至少每4h检测一次保护胶的pH值，以确保保护胶处于正常工作状态。

6.2.6　应根据使用情况制定更换冲版机显影过滤芯周期。

6.2.7　应定期更换显影液并清洗冲版机。

6.3　印版质量

6.3.1　目视检查印版不应有划伤、脏点、起雾、级痕、白线（阳图版）/黑线（阴图版）等影响印版质量的故障。

注1：起雾是指印版上的空白部分残留有亲墨性化学涂层的现象。

注2：级痕是指印版于制版过程中版面图文部分形成深浅相间梯级状的现象。

注3：白线／黑线是指制版过程中由曝光产生的非图文内容线条。

6.3.2　印版上68.8线/cm的2%网点应能出齐，98%网点应不糊死。

7　检验方法

7.1　制版机

7.1.1　重复精度

按照GB/T 26553—2011中6.2.6进行检验。

7.1.2　成像幅面精度

按照GB/T 26553—2011中6.2.7进行检验。

7.1.3　位置精度

按附录A给出的方法进行检验。

7.2　胶印版材性能

7.2.1　网点再现能力

输出如图1所示的印版测控条，使用符合附录B要求的印版测量仪进行测量。

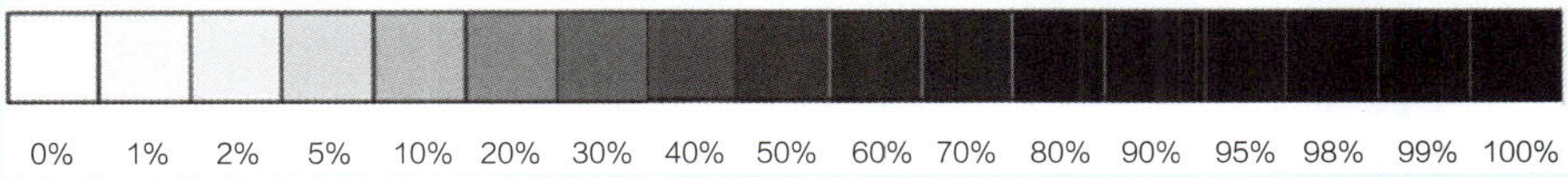

图1　印版测控条示意图

学生姓名：　　　　　　　　班级：　　　　　　　　日期：

7.2.2　网点均匀性

使用符合附录B要求的印版测量仪进行测量。

7.2.3　线性化校准

使用符合附录B要求的印版测量仪进行测量。

7.2.4　印版检查

使用20倍或20倍以上的放大镜，检查网点的还原状态。

注：上述材料节选自GB/T 34690.7—2017。

阅读材料3

曝光原理和显影原理

1. 直接制版机工作原理

CTP直接制版机由精确而复杂的光学系统，电路系统以及机械系统三大部分构成。

如图2-11所示，由激光器产生的单束原始激光，经多路光学纤维或复杂的高速旋转光学裂束系统分裂成多束（通常是200～500束）极细的激光束。

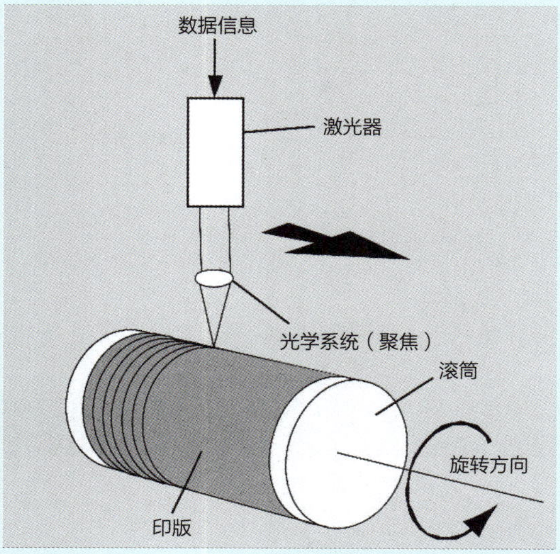

图 2-11　直接制版机工作原理

学生姓名：　　　　　　　　班级：　　　　　　　　日期：

每束光分别经声光调制器按计算机中图像信息的亮暗等特征，对激光束的明暗变化加以调制后，变成受控光束。再经聚焦后，几百束微激光直接射到印版表面进行刻版工作，通过扫描刻版后，在印版上形成图像的潜影。经显影后，计算机屏幕上的图像信息就还原在印版上供胶印机直接印刷。

2. 直接制版机成像技术（原理）

（1）热敏成像。版材对光不敏感，受温度影响曝光，只有印版表面的温度达到某一个阈值时，印版的表面性能才会发生改变。①对温度而不是对可见光感应；②高能量使涂层发生化学变化；③有阈值；④没有累积效应；⑤波长830nm。

（2）光敏成像。版材对光极为敏感，只要有相应的感光光源照射到印版上，印版就会被曝光，其曝光部分的表面性能发生改变。

3. 热敏成像技术特点

如图2-12（彩插3）所示，热敏成像技术有以下几个特点：①光点由热产生；②必须达到阈值才能成像；③超过阈值成像不变；④网点扩大很小。

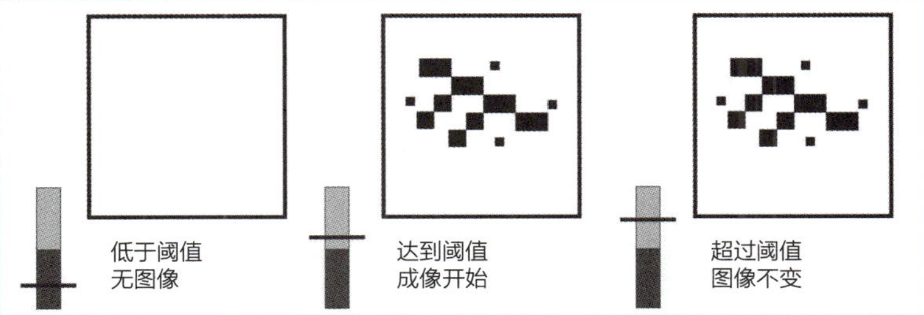

图 2-12　热敏成像技术特点

4. 光敏和热敏曝光累积效应的对比

如图2-13（彩插4）所示，光敏和热敏曝光累积效应的对比效果。因为热敏版只对应一个固定的阈值敏感，在制版过程中，当制版机输出的能量达到这一特定阈值时，版材表面便会触发相应的物理或化学变化，从而实现成

学生姓名：　　　　班级：　　　　日期：

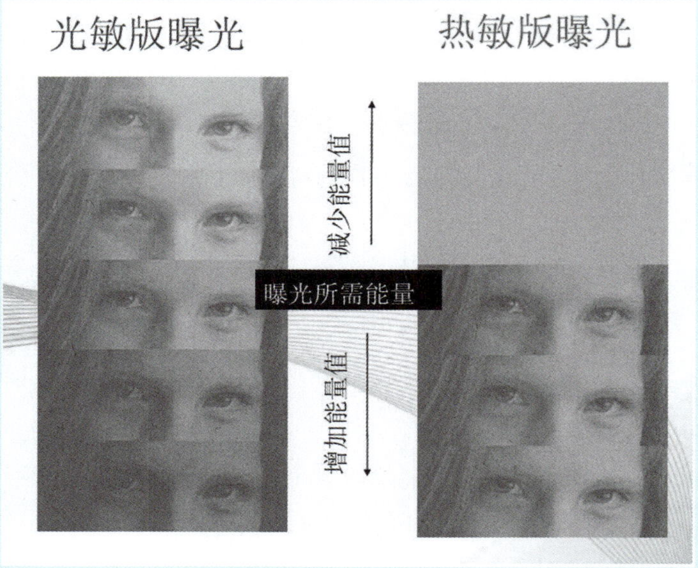

图 2-13　光敏和热敏曝光累积效应的对比

像。一旦达到阈值，即便后续继续增加能量，曝光效果也不会改变，这有效避免了因能量波动而导致的成像不稳定问题。

5. 热敏成像和光敏成像的对比

热敏成像和光敏成像的对比效果，如表2-15所示。

表 2-15　热敏成像和光敏成像的对比

成像技术	激光光源	版材类型	直接制版机结构	操作环境
热敏成像	红外激光（830nm）	热敏版（印版敏感度低）	外鼓式	室内
光敏成像	• 紫激光（405nm） • 可见光激光	光敏版（印版敏感度高）	• 内鼓式 • 平台式	黄色安全灯

学生姓名： 班级： 日期：

2.4 检查与评价

学习活动：评一评

请根据导师提供的学习评价表，先自我评价，再由组长评价，导师根据学习过程对每位学生整体做评价。

- 活动名称：学习质量评价。
- 活动目标：能够正确使用学习评价表，完成学习质量的评价。
- 活动时间：建议时长10 ~ 15min。
- 活动方法：自我评价+小组评价+导师评价。
- 活动内容：根据学习过程数据记录，自我评价、小组评价和老师评价。若评价过程发现自己和小组他人的错误点，请记录错误的原因，改进方法或建议等。
- 活动工具：学习评价表。
- 活动评价：提交评价结果+导师反馈意见。

根据项目学习检查与评价表（表2-16），先进行自我评价，结束后交给组长进行小组评价，最后提交导师评价。

小贴士

学习不是吃了多少，而是消化了多少！

学生姓名：　　　　　　　　　　班级：　　　　　　　　　　日期：

表 2-16　项目学习检查与评价表

<table>
<tr><td>班级</td><td></td><td>项目名称</td><td></td><td>第___组
学生姓名</td><td colspan="2"></td></tr>
<tr><td colspan="7">具体项目任务及考核（满分 100 分）</td></tr>
<tr><td>项目任务</td><td colspan="3">考核指标（打√）</td><td>自我评分</td><td>组长评分</td><td>导师评分</td></tr>
<tr><td>资讯阶段
（15 分）</td><td colspan="3">查找与项目有关的资料□
主动咨询□
认真学习项目有关的知识技能□
团队积极研讨□
团队合作□</td><td></td><td></td><td></td></tr>
<tr><td rowspan="2">计划与决策阶段
（15 分）</td><td colspan="3">1. 完成计划方案（10 分）
计划内容详细□
格式标准□
思路清晰□
团队合作□</td><td></td><td></td><td></td></tr>
<tr><td colspan="3">2. 分析方案可行性（5 分）
方案合理□
分工合理□
任务清晰□
时间安排合理□</td><td></td><td></td><td></td></tr>
<tr><td rowspan="11">实施过程
（70 分）</td><td rowspan="11">专业技能评价
（55 分）</td><td colspan="2">1. 文件预检（5 分）</td><td></td><td></td><td></td></tr>
<tr><td colspan="2">能够学会 PDF 设置和记住 PDF/X 标准□</td><td></td><td></td><td></td></tr>
<tr><td colspan="2">能够运用书刊排版软件生成符合印刷要求的 PDF □</td><td></td><td></td><td></td></tr>
<tr><td colspan="2">能够使用印前检查工具，执行文件属性、字体、页数、页面框和尺寸检查□</td><td></td><td></td><td></td></tr>
<tr><td colspan="2">能够查找并确定检查项的错误点和问题点□</td><td></td><td></td><td></td></tr>
<tr><td colspan="2">能够理解预飞概念并制定 7 项预检规则□</td><td></td><td></td><td></td></tr>
<tr><td colspan="2">能够验证制定的预检规则有效性□</td><td></td><td></td><td></td></tr>
<tr><td colspan="2">2. 文件修正（10 分）</td><td></td><td></td><td></td></tr>
<tr><td colspan="2">能够正确解读预飞检查报告并分析印前质量检查问题点的成因□</td><td></td><td></td><td></td></tr>
<tr><td colspan="2">能够根据检查结果修正文件中不符合印刷质量要求的内容□</td><td></td><td></td><td></td></tr>
<tr><td colspan="2">能够对修改结果进行验证□</td><td></td><td></td><td></td></tr>
</table>

学生姓名： 班级： 日期：

续表

<table>
<tr><td>班级</td><td></td><td>项目名称</td><td></td><td>第____组
学生姓名</td><td colspan="2"></td></tr>
<tr><td colspan="7">具体项目任务及考核（满分 100 分）</td></tr>
<tr><td>项目任务</td><td colspan="3">考核指标（打√）</td><td>自我评分</td><td>组长评分</td><td>导师评分</td></tr>
<tr><td rowspan="14">实施过程（70 分）</td><td rowspan="12">专业技能评价（55 分）</td><td colspan="2">3. 数字拼大版（20 分）</td><td></td><td></td><td></td></tr>
<tr><td colspan="2">能够理解与书刊拼版相关的概念□</td><td></td><td></td><td></td></tr>
<tr><td colspan="2">能够理解折手与拼大版之间的关系□</td><td></td><td></td><td></td></tr>
<tr><td colspan="2">能够使用拼大版软件中的书刊拼大版流程□</td><td></td><td></td><td></td></tr>
<tr><td colspan="2">能够根据设备、工艺和产品类型创建书刊拼大版规则□</td><td></td><td></td><td></td></tr>
<tr><td colspan="2">4. 搭建数字化工作流程（15 分）</td><td></td><td></td><td></td></tr>
<tr><td colspan="2">能够理解数字化工作流程□</td><td></td><td></td><td></td></tr>
<tr><td colspan="2">能够设定文件预检与修正、设备输出的参数□</td><td></td><td></td><td></td></tr>
<tr><td colspan="2">能够创建工作组模板□</td><td></td><td></td><td></td></tr>
<tr><td colspan="2">能够调试并优化工作流程模板□</td><td></td><td></td><td></td></tr>
<tr><td colspan="2">5. CTP 印版输出（5 分）</td><td></td><td></td><td></td></tr>
<tr><td colspan="2">能够使用检测工具检测印版质量□</td><td></td><td></td><td></td></tr>
<tr><td>方法与能力考核（5 分）</td><td colspan="2">分析解决问题能力□
组织能力□
沟通能力□
统筹能力□
团队协作能力□</td><td></td><td></td><td></td></tr>
<tr><td>素养考核（10分）</td><td colspan="2">课堂纪律□
学习态度□
责任心□
安全意识□
成本意识□
质量意识□</td><td></td><td></td><td></td></tr>
<tr><td colspan="5">总分</td><td></td><td></td></tr>
<tr><td colspan="7">导师评价：

导师签名：
评价日期：</td></tr>
</table>

学生姓名：　　　　班级：　　　　日期：

2.5 反馈与总结

学习活动1：反思与总结

学习反思与总结是最为重要的学习环节，请根据导师的要求，认真完成以下学习活动。

请先自我总结与反思，以课后作业的形式完成组内总结分享（请录制分享视频并提交），并制作PPT总结报告。

- 活动名称：学习反思与总结。
- 活动目标：能够在导师和小组长的带领下，完成PPT报告总结和视频总结。
- 活动时间：建议时长30min。
- 活动方法：自我评价+代表分享+导师评价。
- 活动内容：请小组代表，运用PPT总结形式完成课堂分享。布置课后作业，要求每位学生在组内以PPT报告的形式完成学习经验的分享，并将分享过程录制成视频在下课前上交给学校导师。
- 活动工具：PPT制作学习总结报告。
- 活动评价：提交反思与总结结果+导师反馈意见。

学习活动2：评一评

以学习小组为单位，评出你所在的学习小组的同学最佳作品或成果和最佳学习代表，并记录自己本次小组任务做得好的方面和有待改进的地方。

小贴士

学习评价：既是一种学习方法，又是对学习过程进行总结与反思的最佳时机。不论现在对专业技能掌握程度如何，一定要学会多总结、多反思、多分享。过程中，主要是提升和训练综合职业能力，如：协作精神、沟通表达能力和职业精神等能力。

学生姓名：　　　　　　　　班级：　　　　　　　　日期：

2.6 巩固与拓展

2.6.1 巩固练习

根据本项目学习的多页双面印刷品计算机直接制版流程，自行选择不同的书刊类型，完成书刊排版的巩固练习，1周内把学习成果提交给导师。

2.6.2 拓展练习

同学们，在导师指导和小组长的带领下，我们已经学完了多页双面印刷品计算机直接制版，接下来依据完整工作流程，请独立完成以下拓展任务，并对最后的成果进行评价。

拓展任务：请参照项目书刊计算机直接制版的工作流程，独立完成结构复杂的书刊的计算机直接制版（如含折叠内页）。练习过程中如有问题，可记录下来，必要时咨询导师，解决练习过程中的难题。

项目三 彩盒印刷品计算机直接制版

学生姓名： 班级： 日期：

学习过程

请认真阅读并理解学习过程与学习任务，在导师的指导下完成以下学习任务。

3.1 任务与资讯	获取任务资讯信息，明确彩盒印刷品计算机直接制版的任务。
3.2 计划与决策	导师引导，学生小组完成彩盒印刷品计算机直接制版过程方案或计划。
3.3 项目实施	导师指导训练，学生小组完成彩盒印刷品计算机直接制版过程和结果。
3.4 检查与评价	学生和导师对彩盒印刷品计算机直接制版文件做检查与评价，包括自评、互评和导师评价。
3.5 反馈与总结	学生和导师对学习情况做反馈总结。
3.6 巩固与拓展	学生独立完成新任务彩盒印刷品计算机直接制版工作，拓展学习相关的新工艺、新技术或难度更大的内容。

学生姓名：　　　　　　　　班级：　　　　　　　日期：

3.1 任务与资讯

3.1.1 学习情境与学习目标

公司承接了黑咖啡包装盒的生产任务，印制数量10000个，包装盒成型尺寸为：93mm × 115mm × 51mm，需使用海德堡SM74印刷机印制，请为该订单进行制版印刷。彩盒印刷品计算机直接制版项目任务书见表3-1。

1 学习情境

表 3-1　彩盒印刷品计算机直接制版项目任务书

任务名称	彩盒印刷品计算机直接制版
工作任务内容及要求	公司承接了黑咖啡包装盒的生产任务，已知包装盒成型尺寸为：93mm × 115mm × 51mm，印制数量10000个，使用海德堡SM74印刷机印制。 请为该咖啡包装盒进行制版印刷，任务要求如下： ①完成对包装盒PDF文件的页面尺寸、分辨率、颜色模式等预检和文件修改； ②会根据包装盒成型尺寸计算其印刷面积，能够根据包装盒盒型进行错位拼版，计算最大插拼个数（提示：纸张咬口为10mm，拖梢15mm，纸张左右各留10mm）； ③制作拼大版模版［印版尺寸745mm × 605mm，加页面裁切标记，colorbar标记、套准标记、文本标记，制版标记，使用海德堡SM74四色印刷机印刷（印版咬口59.5mm，纸张叼口10mm）］； ④使用已创建好的数字化工作流程处理包装盒PDF文件，得到大版的1-bit tiff文件； ⑤正确操作制版机和冲版机，输出符合要求的印版
学习任务	完成五个学习任务： ①文件预检； ②文件修正； ③数字拼大版； ④印版线性化校准； ⑤CTP印版输出

学生姓名：　　　　班级：　　　　日期：

学习目标

通过包装盒制版项目的学习，我们要掌握的学习目标见表3–2。

表 3–2　学习目标

序号	学习目标
	素养目标
1	在工作中追求执着专注、精益求精的工匠精神。
2	遵守印刷行业相关法律法规、行业标准规范。
3	团队协作、有效沟通与表达。
4	树立拼大版环节成本节约理念，进行最优拼大版方案设计。
	知识目标
1	能够理解包装产品的工艺要求。
2	能够理解叠印、陷印的概念及陷印的参数设置。
3	能够理解专色在包装产品上的应用。
4	能够理解与包装拼版相关的概念。
5	能够理解纸张纹路和借位拼版（插拼）对拼版的影响。
6	理解线性和网点补偿的概念。
	技能目标
1	能够制定包装产品的预检规则。
2	能够验证制定的预检规则有效性。
3	能够使用拼大版软件中的包装拼大版流程。
4	能够根据设备、工艺和产品类型创建包装拼大版规则。
5	能够创建并优化线性化曲线。

学生姓名：　　　　　　　　　班级：　　　　　　　　　日期：

3.1.2 学习方案与学生分组

① 学习方案

为了达成项目的学习目标，请同学们仔细阅读学习安排表3-3和项目知识体系表3-4，如有疑问，先记录下来并咨询你的课程导师。

表 3-3 学习安排表

<table>
<tr><th>学习方式</th><th>学习时长</th><th>学习内容</th><th>本书资料</th><th>设备工具</th></tr>
<tr><td>课堂学习</td><td>8 学时</td><td rowspan="3">彩盒印刷品计算机直接制版</td><td>课堂学习资料</td><td rowspan="3">（1）电脑（工作站）安装以下软件
①Adobe系列软件
②CorelDRAW
③Acrobat Pro
④印通等印前流程软件
⑤海德堡印通拼大版软件
⑥第三方插件、印版插件
⑦印通校正管理软件
（2）印版质量测量仪</td></tr>
<tr><td>实训学习/岗位学习</td><td>26 学时</td><td>实训学习资料/岗位学习资料
项目训练素材</td></tr>
<tr><td>自主学习/网络学习</td><td>2 周内</td><td>自主学习资料 知识微课
操作视频
练习素材</td></tr>
</table>

请阅读表3-4包装盒制版学习知识体系表的内容，整体了解包装盒制版的知识结构与学习路径。请根据学习过程与完成状态情况，在学习进度栏中标识出来。

表 3-4 包装盒制版学习知识体系表

<table>
<tr><th>学习任务</th><th>知识类型</th><th>知识点学习内容</th><th>学习进度</th></tr>
<tr><td rowspan="8">1. 文件预检
★★</td><td rowspan="3">核心概念</td><td>刀线</td><td></td></tr>
<tr><td>专色</td><td></td></tr>
<tr><td>表面整饰工艺（烫金、UV等）</td><td></td></tr>
<tr><td rowspan="2">学习原则</td><td>印前质量项目检查规则</td><td></td></tr>
<tr><td>ISO PDF/X标准</td><td></td></tr>
<tr><td>学习方法和内容</td><td>自动检查</td><td></td></tr>
<tr><td>学习工具</td><td>①Acrobat Pro
②印通等印前流程软件
③第三方插件</td><td></td></tr>
</table>

学生姓名：　　　　班级：　　　　日期：

续表

学习任务	知识类型	知识点学习内容	学习进度
2. 文件修正 ★★	核心概念	专色及油墨	
		透明度	
		叠印	
		陷印（补漏白）	
	学习方法和内容	执行修正操作	
	学习工具	①设计类软件 ②第三方插件	
3. 数字拼大版 ★★★	核心概念	纸张纹路	
		单模包装文件	
		借位拼版（插拼）	
		刀模	
		平衡墨色条	
	学习原则	包装盒出血冲突	
	学习方法和内容	制定拼版方案	
		执行拼版操作	
	学习工具	①海德堡印通拼大版软件 ②拼版插件 ③设计类软件	
4. 印版线性化校准 ★★★	核心概念	非线性和线性	
		补偿曲线	
		网点梯尺	
		校准管理器	
	学习原则	匹配印版特性	
		线性曲线平滑	
		符合线性化数据误差参考范围：±（0.5%～1.0%）	
	学习方法和内容	输出非线性印版	
		创建线性曲线	
	学习工具	①海德堡印通工作流程 ②印通校正管理软件 ③印版质量测量仪	

学生姓名：　　　　　　　　班级：　　　　　　　　日期：

续表

学习任务	知识类型	知识点学习内容	学习进度
5. CTP 印版输出 ★★	学习方法和内容	印版质量检测	
	学习原则	印版质量检测标准	
	学习工具	①海德堡CTP GUI ②Shooter ③电脑（工作站） ④印版质量测量仪 ⑤放大镜	

注：1. 学习进度状态标识：若已完成打√，若未完成打×。

2. 标识“星号”是指工作过程中任务的重要性与难度。低：★；中：★★；高：★★★。

② 学生分组

学习分组说明：请根据导师的分组要求，在规定的时间内完成学习小组组建和选举学习小组长。

学生任务分组与分工请见表3-5。

表 3-5　学习任务分组与分工

班级		组名		导师姓名	
小组成员	姓名	学号	姓名	学号	
	角色：学习小组长 （　　　　　　　　　　　　　　　　）				
任务分工					
备注：					

学生姓名： 班级： 日期：

3.1.3 获取资讯

为锻炼自学能力，根据包装盒制版学习要求，请同学们先自主学习、自主查询并整理相关概念信息。

关键知识清单如下：刀线、专色、表面整饰工艺、纸张纹路、单模包装文件、刀模、借位拼版、平衡墨色条、包装盒出血冲突、非线性和线性、补偿曲线、网点梯尺、校准管理器。

学习目标

目标1：正确查询或搜集关键知识清单中的概念性知识内容。

目标2：用自己的语言，初步描述关键知识清单中的概念性知识含义。

学习活动

活动1：查一查

以小组为单位，通过阅读材料、网络查询和相关专业书籍查询，初步理解以上概念性知识。

活动2：说一说

以小组为单位，在组长的带领下，请每位同学用自己的语言说一说对以上概念的理解，可以用图表形式记录下来。

小贴士

通过参与以上学习活动，理解相关的专业知识，获得收集资讯的能力，懂得分工、沟通与协作的能力。

学生姓名： 班级： 日期：

3.2 计划与决策

为了完成包装盒制版任务，需要制定合理实施方案。

3.2.1 计划

学习目标

根据导师提供学习材料，能够制定项目实施方案。

学习活动：做一做

请通过岗位调研或查阅资料，提出自己的实施计划方案，梳理出主要的工作步骤并填写出来，尝试绘制工作流程图。

3.2.2 决策

学习目标

在小组长的带领下，能够根据包装盒尺寸和开纸尺寸计算包装盒拼版个数。

学习活动：选一选 思政点睛：团队协作、沟通与表达

在学习组长的带领下，经过小组讨论比较，得出两个方案。导师审查每个小组的实施方案并提出整改意见。各小组进一步优化实施方案，确定最终的工作方案。将最终实施方案填写下来。

小贴士

通过以上学习活动，在制定实施方案过程中，提升你的归纳总结能力和团队协作能力。

学生姓名：　　　　　　　　班级：　　　　　　　　日期：

3.3 项目实施

为了完成包装盒制版的项目任务，将从以下5个学习任务进行学习。

3.3.1 学习任务1：文件预检★★

学习目标

表 3-6 彩盒文件预检学习目标

目标类型	学习目标	学习活动	学习方式
知识目标	能够理解包装产品的工艺要求	活动 1	自主学习
技能目标	能够制定包装产品的预检规则	活动 1	实训学习
	能够验证制定的预检规则有效性	活动 2	实训学习

学习活动

活动1：制定包装产品预检规则

根据提供的存在错误点的单模包装文件（图3-1），设置文档预检规则并执行检查操作，找出错误点，生成预飞检查报告，并进行验证。

单模包装文件（有错误点）.pdf

图 3-1 单模包装文件（有错误点）

活动2：验证预检规则有效性

对单模包装文件进行刀线、出血、专色、表面整饰等特定工艺的检测，填写包装盒的印前质量检查单（表3-7）。

表 3-7　印前质量检查单

产品类型：包装盒

评价项目			
项目小组或人员		评价小组或人员	
序号	质量标准	是否合格（√或×）	错误点
1	产品尺寸正确，出血尺寸正确		
2	彩盒安全位正确		
3	颜色专色设置正确		
4	表面整饰专色设置正确		
5	刀线设置（格式、粗细、专色）正确		
6	重要图形图案无遮挡		
7	彩盒过图正确		
8	线版和规角线单独分图层制作（若使用 AI 软件拼版）		
9	纸纹方向标识正确（适合纸盒类产品）		

阅读材料1

彩盒印刷品

1. 彩盒印刷品特点

在整个印刷包装行业，彩盒包装是相对比较复杂的品类，因为设计、结构、形状、工艺不同，其拼大版也与书刊拼大版差别很大。根据彩盒成型后的形态有长方形、正方形、多边形、异形、圆筒形等。根据彩盒成型后运输

学生姓名： 班级： 日期：

和仓储的状态分为折叠纸盒和粘贴纸盒。彩盒的种类和式样很多，差别在于盒盖和盒底的结构，常规纸盒结构有以下四种类型：

①双插盒：是市面上最常见的一种纸盒包装，上下都有同样的插口，经过模切，印刷，糊盒，折叠，最终成型，设计结构比较简单。双插盒可以称得上纸包装盒的鼻祖，是最原始的一个盒型。其承重能力弱，适合小巧、轻便的产品使用，如牙膏盒、美妆、药品，花茶等产品外包装盒。

②扣底盒：是因底部是扣底结构而得名，承重性要好于双插盒。从表面看上去与双插盒没有区别，但是把展开图打开后，就能看到底部的不同，扣底盒上部做插口，底部做扣底，承重效果比较好。往往一些电器、农产品、食品等包装盒都会选择扣底结构，适用范围广泛，盒型结实耐用。

③天地盖：由盖盒与底盒两部分组成，两者分离，一般为上大下小扣合使用。适合作精品礼盒使用，现市面上手机盒，耳机盒，美容仪器，首饰，茶叶等需要精装的产品一般都会选择这种盒型，可以提升包装质感和产品形象。

④翻盖盒：是一种常见的卡盒类型，其特点是盒盖与盒底连为一体，呈180°翻盖式设计。其造型简洁，开启方便，工艺简单，成本低，盒底负载面积大，开启后内装物的可视面积大，有利于消费者挑选和购买。飞机盒就是翻盖盒的一种，常见于包装礼品、文具、化妆品等。

2. 彩盒结构图及线版图

以上四种常规结构的彩盒都有一个共同点，都是长方体，具有六个面（正面、侧面1、背面、侧面2、盒盖、盒底），图3-2为反插式双插盒结构图（尺寸展开图），也是其成型时需要模切或折叠的线版图（刀线版）。线版图的模切和压痕线，通常用实线和虚线区分，有时也用不同颜色区分。

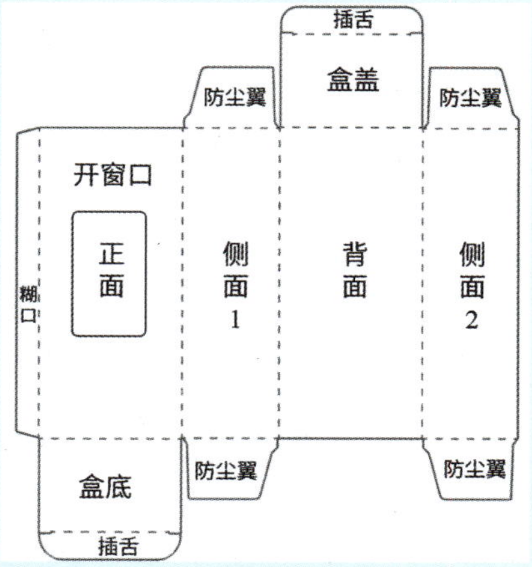

图 3-2 反插式双插盒结构图

学生姓名：　　　　　　　　班级：　　　　　　　　日期：

阅读材料2

彩盒印刷品文件相关概念

1. 刀线

刀线也叫模切压痕线。在文件中实线表示模切，虚线表示压痕，且都需要用专色来描绘，以便与要印刷的图文相区别，制版时需将刀线单独生成一份文件，印刷厂根据这个刀线文件制作模切压痕版，而与印刷图文对应的印版上则不能出现刀线。

2. 专色

专色是指一种预先混合好的彩色油墨，除标准的青、洋红、黄、黑以外的任何油墨都是专色。如，橙色、金属色等。要求对每一专色制作一张印刷版（专色印刷版）。专色特点有：

①准确性：色相固定，传递准确，不采用CMYK四色叠印，避免了套印。

②实地性：无论颜色多浅，专色一般定义为实地色。当然，也可以给专色加网，以呈现专色的任意深浅色调。

③不透明和透明性：CMYK油墨调配的专色是透明专色，金属色等专色是不透明的，可以对实地进行覆盖。

④色域宽，饱和度高：大部分专色很难用CMYK油墨印刷得到。

⑤产生特殊光泽：金、银、镭射、荧光、磨砂、亮油等效果是四色调不出来的。

3. 表面整饰工艺（烫金、UV等）

表面整饰工艺属于印后加工工艺，在书刊封面或其他印刷品上进行上光、覆膜、烫箔、压凹凸或其他装饰加工的总称。它使印刷品更加精美、耐用，可提高装饰产品的社会效益和经济效益。

4. 彩盒安全位

彩盒安全位指主要图文内容离裁切线2mm。

5. 彩盒过图

针对彩盒在黏合的时候，不同面上的图像在黏合处过渡自然不断层、不

学生姓名：　　　　　　　　班级：　　　　　　　　日期：

重复，需要进行过图处理，即进行位置调整和图案补充，使得彩盒最终成型后的图案连续完整。

6. 纸盒出血位

纸盒裁切线上的色块、线条、图片一律要出血。折线上有时出血，有时不出血，原则是：如果折叠后有一面不在明处（如纸盒糊口、舌口），另一面上又碰到折线的色块、图片和线条都要出血；如果折叠后两面都在明处（如纸盒的正面和侧面交界处），而且这两面的颜色是不连贯的，就不出血。

3.3.2 学习任务2：文件修正★★

学习目标

表 3-8 彩盒文件修正的学习目标

目标类型	学习目标	学习活动	学习方式
知识目标	能够理解叠印的概念	活动 1	自主学习
	能够理解陷印的概念及参数设置	活动 2	自主学习 实训学习
	能够理解专色在包装产品上的应用	活动 2	自主学习 实训学习

学习活动

活动1：分析包装文件质量问题

根据生成的预飞检查报告及包装盒印前质量项目检查单（表3-9），分析包装文件的质量问题、成因和影响，并填写印前检查项问题分析与对策表（表3-10）。

预飞检查报告（参考）. pdf

学生姓名：　　　　班级：　　　　日期：

表 3-9　包装盒印前质量项目检查单

产品名称：　　　　　　　　　　　　　　　　年　　月　　日

<table>
<tr><td rowspan="8">检查文件</td><td colspan="2">文件接收状况：</td><td colspan="3">修改文件替换记录：</td></tr>
<tr><td colspan="4">成型方式：裁切□　　模切□</td><td>尺寸要求□</td></tr>
<tr><td>文件检查□</td><td colspan="2">图片检查□</td><td>出血检查□</td><td>文字检查□</td></tr>
<tr><td colspan="4">印刷色数：正面四色□　双色□　单色□　专色□
背面四色□　双色□　单色□　专色□</td><td>文件校对□</td></tr>
<tr><td colspan="4">配套工艺：</td><td>特殊工艺：</td></tr>
<tr><td colspan="2">印刷套准线□</td><td colspan="2">印刷标识□</td><td></td></tr>
<tr><td colspan="2">印刷机型□</td><td colspan="2">咬口尺寸□</td><td></td></tr>
<tr><td colspan="3">印版数量：正面 ___ 张　　背面 ___ 张</td><td colspan="2">挂网参数：</td></tr>
<tr><td rowspan="5">文件信息</td><td colspan="2">文件存储位置</td><td>服务器□</td><td>桌面□</td><td>其他□</td></tr>
<tr><td colspan="2" rowspan="2">文件存储更新</td><td colspan="3">老文件删除□</td></tr>
<tr><td colspan="3">新文件替换□</td></tr>
<tr><td colspan="2">印前使用软件</td><td colspan="3"></td></tr>
<tr><td colspan="2">修改信息记录</td><td colspan="3"></td></tr>
<tr><td rowspan="2">备注</td><td colspan="4" rowspan="2"></td><td>业务员 / 客户签字</td></tr>
<tr><td></td></tr>
<tr><td>作业检查
（班长）</td><td colspan="2">文件使用情况□　　拼版情况□
挂网导出参数□　　过往文件处理情况□</td><td colspan="2">数码印刷情况</td><td></td></tr>
<tr><td colspan="3">制作员：</td><td colspan="3">质检员检查：</td></tr>
</table>

学生姓名： 班级： 日期：

表 3-10 印前检查项问题分析与对策表

产品类型：包装盒

评价项目			
项 目小组或人员		评价小组或人员	
序号	质量标准	是否合格（√ 或 ×）	错误点
1	产品尺寸正确，出血尺寸正确		
2	版面设置正确（咬口、拖捎、左右版口）		
3	拼版方案正确		
4	裁切线、角线和套准线等规矩角线齐全，颜色使用套版色，线条长度 3mm 以上		
5	色标齐全且颜色填充正确		
6	信息文字添加正确，版标及盒标信息正确		
7	线版和规角线单独分图层制作（若使用 AI 软件拼版）		
8	纸纹方向标识正确（适合纸盒类产品）		

活动2：修正包装文件质量问题

根据印前质量项目检查单，对包装文件的质量问题进行修正，并验证修正结果，对文件进行陷印设置，得到符合印前质量要求的包装文件。

单模包装文件（正确）.pdf

3.3.3 学习任务 3：数字拼大版★★★

学习目标

表 3-11 彩盒数字拼大版的学习目标

目标类型	学习目标	学习活动	学习方式
知识 目标	能够理解与包装拼版相关的概念	活动 1	自主学习
	能够理解纸张纹路和借位拼版（插拼）对拼版的影响	活动 1	课堂学习
技能目标	能够使用拼大版软件中的包装拼大版流程	活动 1	实训学习
	能够根据设备、工艺和产品类型创建包装拼大版规则	活动 1	实训学习

学生姓名：　　　　　　　　班级：　　　　　　　　日期：

学习活动

活动1：拼大版操作

根据提供纠错后的单模包装文件（图3-3），按照给定开纸尺寸、生产设备参数，使用包装拼大版流程，创建包装拼大版模板，添加盒型编号，设置出血并解决出血冲突，添加平衡墨色条，生成大版PDF文件。

刀线图（模切图）

图 3-3　单模包装文件（正确）

阅读材料1

纸张纹路

用长网造纸机造纸时，纸的纤维会因受震荡而逐渐变成与前进的方向一致，形成纸纹。纸张加工裁切后，若纤维的纹向与长边平行的纸，就叫作“直纹纸”（或“长纹纸”）；若纤维的纹向与短边平行的纸，就叫作“横纹纸”（或“短纹纸”）。对于纸张纤维在其吸水或印刷压力作用下，其横向（纤维的宽度方向）变形大，约为纵向（纤维的长度方向）的2～8倍。一般在拼大版时，纸张纤维的纹向要跟书本的书脊平行，或跟纸盒类产品的粘口方向垂直。

判断纸纹的方向通常有以下方法：

学生姓名：　　　　　　　　班级：　　　　　　　　日期：

1. 撕裂法

在纸张没有折痕的情况下，双手将纸向相反方向自然撕开。裂痕较平直的是纵向丝缕，纸纹方向裂痕明显呈波纹状的是横向丝缕，即非纸纹方向。

2. 拉扯法

用双手分别捏紧纸的两边向外拉扯。容易扯断的是横向纸，不容易扯断的是纵向纸，此方向即为纸纹方向。

3. 手执法

在纸的不同方向分别切取约100mm×10mm大小的纸条，用手指捏住其一端后让纸条平面水平悬伸出，看其自由弯曲状态。弯曲较厉害的是横向丝缕，状态较平直的是纵向纹路，即纸纹方向。

4. 翻执法

在整叠的纸堆上，分别将不同方向的纸边向对边翻执，松开手后纸边自然复位。纸边复位后保持较紧实状的是横向纸边；反之，间隙较大的是纵向纸边，即纸纹方向。

5. 水滴法

对于没有施胶的纸张，可把纸平放在桌上，向纸面滴一滴水，水滴扩散开后的形状呈椭圆。椭圆的长轴方向为纵向纸边，即纸纹方向，与此垂直的为横向纸边。

6. 浸湿法

将纸撕成圆形或方块状，放在水中浸湿，当纸面吸收水分后迅速出现卷曲。卷曲的一边为横向纹路，没有卷曲的为纵向纹路，即纸纹方向。

学生姓名：　　　　　班级：　　　　　日期：

阅读材料2

单模包装文件

每个独立完整的包装盒文件，称为单模包装文件，如图3-4所示。

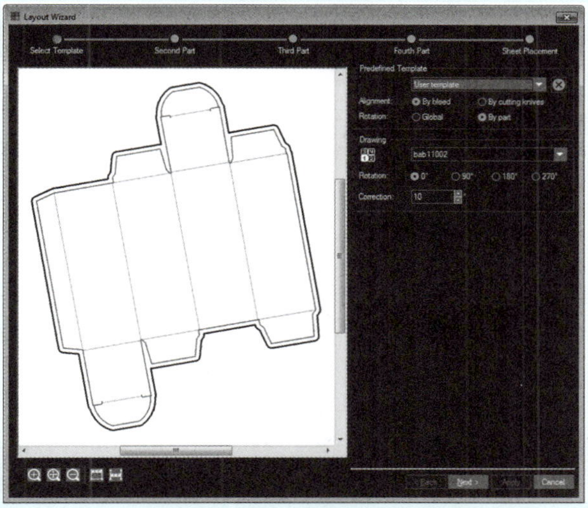

图 3-4　单模包装文件

在一个模切版中，可能包含多个不同的单模文件，如图3-5所示。

图 3-5　模切版中包含不同的单模文件示意图

学生姓名：　　　　　　　　班级：　　　　　　　　日期：

阅读材料3

刀模

刀模（diecut）是冲切制品的模具：一个盒子在印刷时是一张平面纸，印刷完结后要做成一个盒子。这就需要做一个跟盒子相同的平面模具来冲压成型，这个模具就是印刷刀模，通常也可以简称刀模或冲模，如图3-6所示。

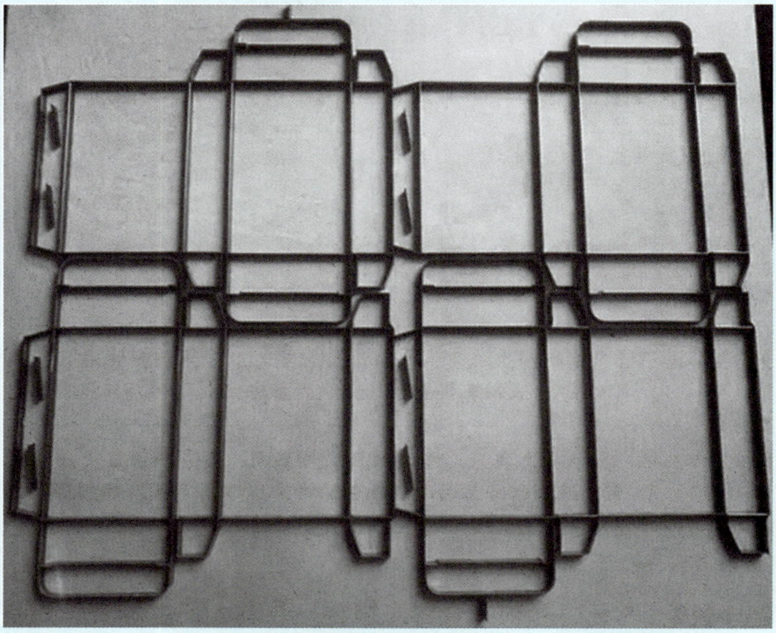

图 3-6　刀模示意图

学生姓名： 班级： 日期：

阅读材料4

借位拼版

包装盒展开后的平面多为异形结构，而非书刊、名片之类的矩形结构，为了增加纸张利用率，拼版时需要根据盒型借用盒子之间的空隙位置来拼版，即借位拼版。非借位拼版与借位拼版效果，如图3-7、图3-8所示。

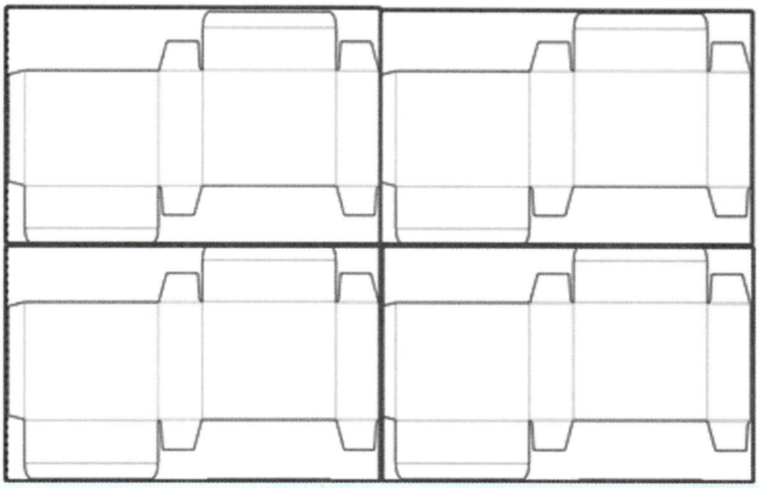

图 3-7 非借位拼版示意图

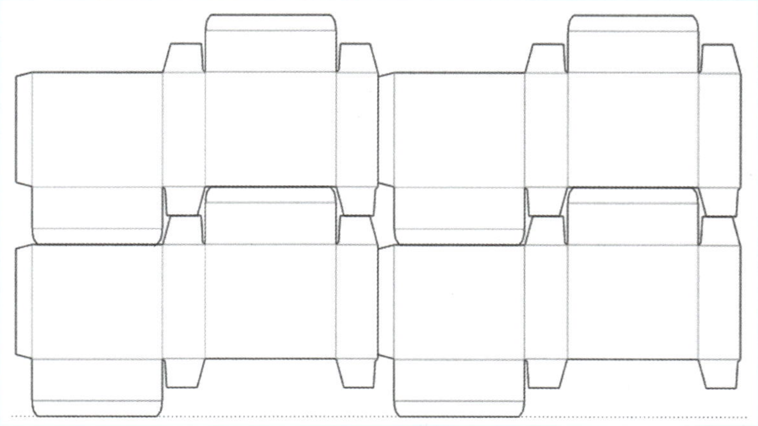

图 3-8 借位拼版示意图

学生姓名：　　　　　　　　班级：　　　　　　　　日期：

阅读材料5

平衡墨色条

在包装印刷中，当油墨颜色覆盖率较低时，印刷往往难以达到稳定的颜色控制，此时可以在空白区域填充“平衡墨色条”，起到平衡整个版面墨色分布的作用。未添加平衡墨色条和添加平衡墨色条后的包装拼版效果，如图3-9（彩插5）、图3-10（彩插6）所示。

图 3-9　未添加平衡墨色条的包装拼版示意图

图 3-10　添加平衡墨色条后的包装拼版示意图

学生姓名： 班级： 日期：

在海德堡的拼版软件Signa Station中，通过墨色拾取标记来添加和定义平衡墨色条。可以选择建立一个基于油墨拾取条的颜色拾取标记，或者一个与墨区相关的颜色拾取标记，其会自动查明印张的无色区域并将颜色拾取单元放到透明空白区。

阅读材料6

包装盒出血冲突

包装盒设置出血框（图3–11黑色线型）后，当两个包装盒的出血之和大于它们的刀线间距（图3–11红色线型），则出血框产生重叠部分，即为出血冲突，需要定义规则去解决这个冲突区域。

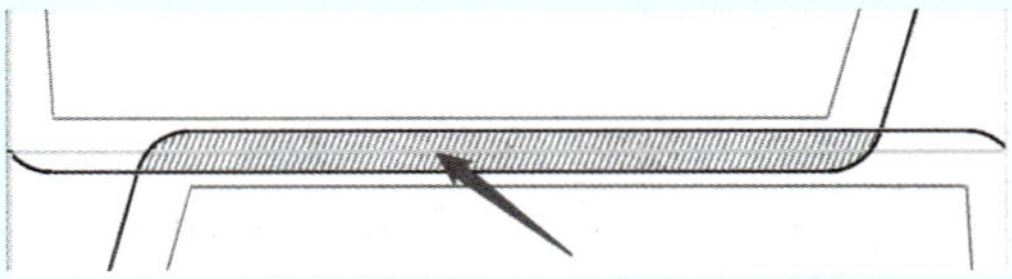

图 3–11 出血冲突示意图

若两个包装盒刀线间距大于它们的出血框之和，则无出血冲突。如图3–11所示。

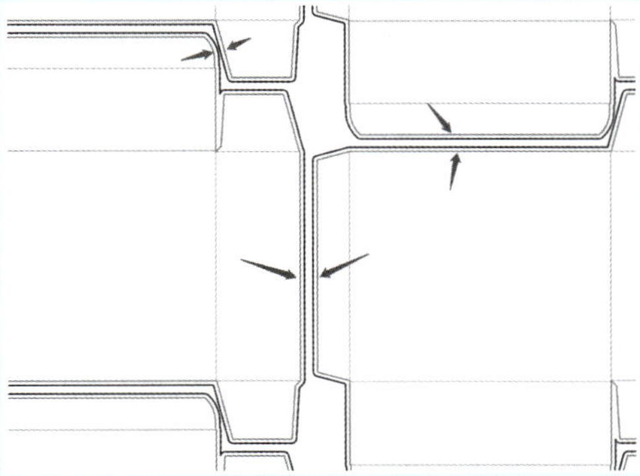

图 3–12 无出血冲突示意图

学生姓名：　　　　　　　　班级：　　　　　　　　日期：

3.3.4　学习任务 4：印版线性化校准★★★

学习目标

表 3–12　彩盒印版线性化校准的学习目标

目标类型	学习目标	学习活动	学习方式
知识目标	能够理解线性和网点补偿的概念	活动 1	自主学习
技能目标	能够创建并优化线性化曲线	活动 1	实训学习

学习活动

活动1：

根据曝光显影的条件和印版、网点的类型，输出非线性印版TIFF–B文件（图3–13），执行制版和冲版操作，使用印版测量仪测量网点梯尺，并将数据输入到校准管理器生成线性化曲线，并对曲线进行优化，再次输出线性化后的印版，测量梯尺数据跟标准数据比较（表3–13），误差在 ± 1%之内。

表 3–13　印版线性化梯尺数据检测表

标准值 /%	测量值 1	测量值 2	测量值 3	测量值 4
5				
10				
20				
25				
30				
40				
50				
60				
70				
75				
80				
90				
95				
100				

学生姓名： 班级： 日期：

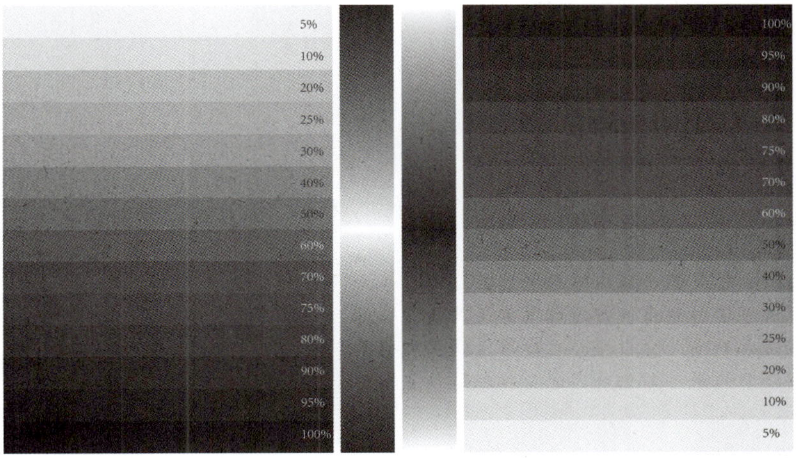

图 3-13 线性化校准文件

阅读材料

印版线性化校准相关概念

1. 线性和非线性

线性是指一种直接的、成比例的对应关系。理想状态下的印版线性化校准，CTP印版上得到的网点百分比与数字文件上图像的标称网点百分比完全一致，呈现出稳定的线性变化（标称网点是衡量和描述印刷网点大小的一个标准参考值）。

非线性是指两者没有对应的比例关系。因为在实际印刷制版中，诸多因素会导致非线性现象出现。例如，某些版材材料的特性并非完全理想化，在不同曝光能量下，其网点增大或缩小的幅度并非均匀变化。当使用网点梯尺测试时，可能出现能量增加初期，网点百分比变化缓慢，随着能量进一步提升，网点百分比突然快速变化的情况，这就偏离了线性的稳定节奏。对于光敏版，由于其曝光累积效应，更容易产生非线性问题，曝光时间、强度稍有偏差，网点变化就可能不符合预期，与线性状态下的网点梯尺标准呈现大相径庭。

学生姓名：　　　　　　　　班级：　　　　　　　　日期：

2. 补偿曲线

印刷机的过程校准也即常说的印刷网点扩大补偿曲线，这是与印刷中的网点扩大有着密切关系。网点扩大是指印品上网点面积和印版上网点面积的差值。在实际印刷时，由于印刷压力等影响因素，印品上的网点扩大是不可避免的，但同时也有很大的随机性，网点扩大过大将会造成非常严重的后果，根据样张测试结果来看，在不加任何网点扩大补偿曲线的情况下，整体上四色都在90%处开始并级，黑版在80%以后层次全部丢失。因此，必须对网点扩大进行限制，保证印刷后某一色油黑在纸张上各阶调的网点扩大不能超出一个目标值（样张上网点扩大标准可以参考ISO标准），这种对网点扩大进行限制的方法就是印刷机的网点扩大补偿，在数字化工作流程中也称之为过程校准，根据网点扩大曲线和期望目标曲线可绘制网点扩大补偿曲线，再将该曲线应用到输出设备中就可以补偿网点扩大在目标值和实际测量值之间的差异。

3. 网点梯尺

网点面积率从0到100%形成的梯尺。梯尺是由不同网点百分比的小单元组合而成的。这些网点百分比呈现出从0起步，以均匀或特定的步长逐步递增至100%的渐变趋势，目的在于精准模拟出从最浅白到最深黑之间丰富的灰度层次，或是展现出从最淡到最浓的色彩浓淡变化。

4. 校准管理器

校准管理器（Calibration Manager）是海德堡印通流程提供的工具软件，它主要用于印版线性化曲线以及印刷网点扩大补偿曲线的创建、调整与管理，如图3-14所示。

学生姓名：　　　　　　　　班级：　　　　　　　　日期：

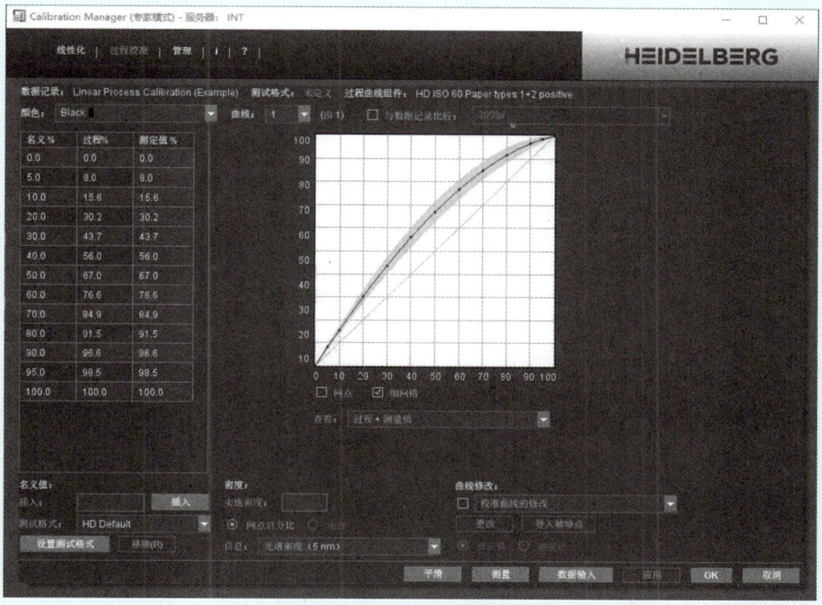

图 3-14　校准管理器界面

3.3.5　学习任务 5：CTP印版输出★★

学习目标

表 3-14　彩盒 CTP 印版输出的学习目标

目标类型	学习目标	学习活动	学习方式
技能目标	能够应用线性化曲线输出印版	活动 1	实训学习

学习活动

活动1：

在相应的工作模板中选用线性化曲线，输出印版并检测印版质量。

线性化曲线相关视频

学生姓名：　　　　　　　　班级：　　　　　　　　日期：

3.4 检查与评价

学习活动：评一评

请根据导师提供的学习评价表，先自我评价，再由组长评价，导师根据学习过程对每位学生整体做评价。

- 活动名称：学习质量评价。
- 活动目标：能够正确使用学习评价表，完成学习质量的评价。
- 活动时间：建议时长10～15min。
- 活动方法：自我评价+小组评价+导师评价。
- 活动内容：根据学习过程数据记录，自我评价、小组评价和老师评价。若评价过程发现自己和小组他人的错误点，请记录错误的原因，改进方法或建议等。
- 活动工具：学习评价表。
- 活动评价：提交评价结果+导师反馈意见。

根据项目学习检查与评价表（表3-15），先自我评价，结束后将交给组长进行小组评价，再提交给导师评价。

小贴士

学习不是吃了多少，而是消化了多少！

学生姓名：　　　　　　　　班级：　　　　　　　　日期：

表 3-15　项目学习检查与评价表

班级		项目名称		第____组 学生姓名	
具体项目任务及考核（满分 100 分）					
项目任务	考核指标（打√）		自我评分	组长评分	导师评分
资讯阶段 （15 分）	查找与项目有关的资料□ 主动咨询□ 认真学习项目有关的知识技能 □ 团队积极研讨□ 团队合作□				
计划与决策阶段 （15 分）	1. 完成计划方案（10 分） 计划内容详细□ 格式标准□ 思路清晰□ 团队合作□				
	2. 分析方案可行性（5 分） 方案合理□ 分工合理□ 任务清晰□ 时间安排合理□				
实施过程 （70 分）	专业技能评价 （55 分）	1. 文件预检（5 分）			
		能够制定包装产品的预检规则□			
		能够验证制定的预检规则有效性□			
		能够理解包装产品的工艺要求□			
		2. 文件修正（5 分）			
		能够理解叠印的概念□			
		能够理解陷印的概念及参数设置□			
		能够理解专色在包装产品上的应用□			
		3. 数字拼大版（20 分）			
		能够理解与包装拼版相关的概念□			
		能够理解纸张纹路和借位拼版（插拼）对拼版的影响□			
		能够使用拼大版软件中的包装拼大版流程□			
		能够根据设备、工艺和产品类型创建包装拼大版规则□			

学生姓名：　　　　　　　　班级：　　　　　　　　日期：

续表

<table>
<tr><td>班级</td><td></td><td colspan="2">项目名称</td><td></td><td>第____组
学生姓名</td><td colspan="2"></td></tr>
<tr><td colspan="8">具体项目任务及考核（满分 100 分）</td></tr>
<tr><td>项目任务</td><td colspan="4">考核指标（打√）</td><td>自我评分</td><td>组长评分</td><td>导师评分</td></tr>
<tr><td rowspan="7">实施过程
（70 分）</td><td rowspan="5">专业技能
评价
（55 分）</td><td colspan="3">4. 印版线性化校准（20 分）</td><td></td><td></td><td></td></tr>
<tr><td colspan="3">理解线性和网点补偿的概念□</td><td></td><td></td><td></td></tr>
<tr><td colspan="3">能够创建并优化线性化曲线□</td><td></td><td></td><td></td></tr>
<tr><td colspan="3">5. CTP 印版输出（5 分）</td><td></td><td></td><td></td></tr>
<tr><td colspan="3">能够应用线性化曲线输出印版□</td><td></td><td></td><td></td></tr>
<tr><td>方法与
能力考核
（5 分）</td><td colspan="3">分析解决问题能力□
组织能力□
沟通能力□
统筹能力□
团队协作能力□</td><td></td><td></td><td></td></tr>
<tr><td>素养考核
（10 分）</td><td colspan="3">课堂纪律□
学习态度□
责任心□
安全意识□
成本意识□
质量意识□</td><td></td><td></td><td></td></tr>
<tr><td colspan="5">总分</td><td></td><td></td><td></td></tr>
<tr><td colspan="8">导师评价：

导师签名：
评价日期：</td></tr>
</table>

学生姓名：　　　　　　　　班级：　　　　　　　　日期：

3.5 反馈与总结

学习活动1：反思与总结

学习反思与总结是最为重要的学习环节，请根据导师的要求，认真完成以下学习活动。

请先自我总结与反思，以课后作业的形式完成组内总结分享（请录制分享视频并提交），并制作PPT总结报告。

- 活动名称：学习反思与总结。
- 活动目标：能够在导师和小组长的带领下，完成PPT报告总结和视频总结。
- 活动时间：建议时长30min。
- 活动方法：自我评价+代表分享+导师评价。
- 活动内容：请小组代表，运用PPT总结形式完成课堂分享。布置课后作业，要求每位学生在组内以PPT报告的形式完成学习经验的分享，并将分享过程录制成视频在下课前上交给学校导师。
- 活动工具：PPT制作学习总结报告。
- 活动评价：提交反思与总结结果+导师反馈意见。

学习活动2：评一评

以学习小组为单位，评出你所在的学习小组的同学最佳作品或成果和最佳学习代表，并记录自己本次小组任务做得好的方面和有待改进的地方。

小贴士

学习评价：既是一种学习方法，又是对学习过程进行总结与反思的最佳时机。不论你现在对专业技能掌握程度如何，一定要学会多总结、多反思、多分享。过程中，主要是提升和训练你的综合职业能力，如：协作精神、沟通表达能力和职业精神等能力。

学生姓名：　　　　　　　　班级：　　　　　　　　日期：

3.6 巩固与拓展

3.6.1 巩固练习

根据本项目学习的彩盒印刷品计算机制版流程，自行选择不同类型的包装盒，完成包装盒制版巩固练习，1周内把学习成果提交给导师。

3.6.2 拓展练习

同学们，在导师指导和小组长的带领下，我们已经学完了彩盒印刷品计算机直接制版，接下来依据完整工作流程，请你独立完成以下拓展任务，并对最后的成果进行评价。

拓展任务：请参照彩盒计算机直接制版的工作流程，独立完成异形包装盒的计算机制版。练习过程中如有问题，可记录下来，必要时咨询导师，解决练习过程中的难题。

结束语

《计算机直接制版技术》的学习之旅至此圆满结束。通过本课程，学习者不仅能够学习计算机直接制版的原理和实操，包括从PDF文件的生成、预检到修改，再到数字拼大版与CTP印版输出的全过程，还能够掌握印前处理与制作各个环节的核心技能。我们期望，学习者能将所学知识灵活应用于实践，不断提升分析问题与解决问题的能力，为未来的职业生涯奠定坚实基础。同时，也希望学习者能继续探索新技术，提升专业技能，成为印前处理领域的佼佼者。

参考文献

[1] 吕新广. 计算机直接制版（CTP）技术[M]. 北京：化学工业出版社，2004.

[2] 姚海根. 数字印刷[M]. 上海：上海科学技术出版社，2006.

[3] 周世生，罗如柏. 印刷数字化与JDF技术[M]. 北京：印刷工业出版社，2008.

[4] 胡维友. 数字印刷与计算机直接制版技术[M]. 3版. 北京：文化发展出版社，2019.

[5] 顾桓. 印前技术与数字化流程[M]. 北京：机械发展出版社，2010.

[6] 刘真，张建青. 数字印前原理与技术[M]. 北京：中国轻工业出版社，2018.

[7] 张岩. 印刷数字化工作流程[M]. 北京：印刷工业出版社，2017.

[8] 魏华，薛美贵. CTP印刷补偿曲线的研究[J]. 科技视界，2018（29）：84-86.

[9] 刘韩莉. CTP制版质量影响因素分析[J]. 印刷技术，2022（4）：38-39.

[10] 官燕燕. 印前处理与制作[M]. 北京：中国轻工业出版社，2022.

[11] 高峰，李永梅. 一学就会CTP数字化流程[M]. 北京：文化发展出版社，2021.

[12] 许向阳、桑凤仙、孟凡亚. 计算机直接制版技术及应用（海德堡CTP）[M]. 北京：中国电力出版社，2016.

[13] 中国印刷技术协会. 印前处理和制作员职业技能培训教程[M]. 北京：中国轻工业出版社，2021.

[14] 张小卫. 计算机直接制版基础教程[M]. 北京：印刷工业出版社，2009.

彩插 1

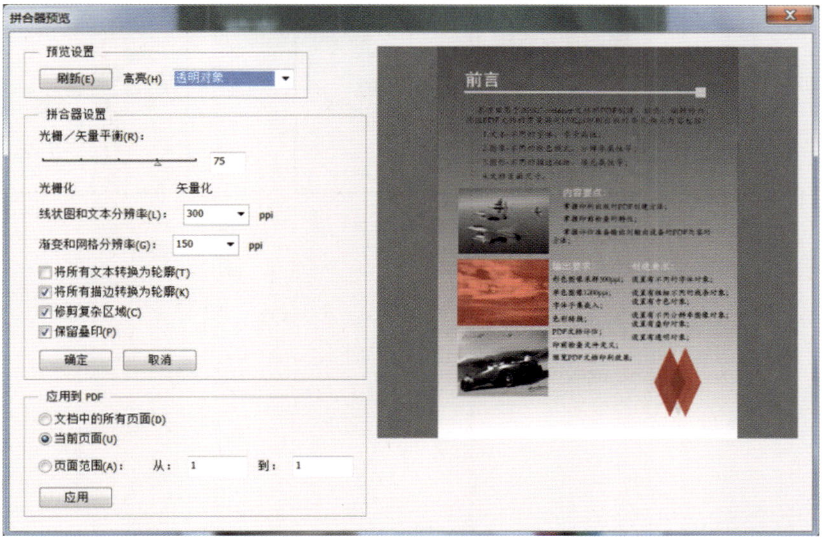

图 1-7　检查文档透明对象 2

彩插 2

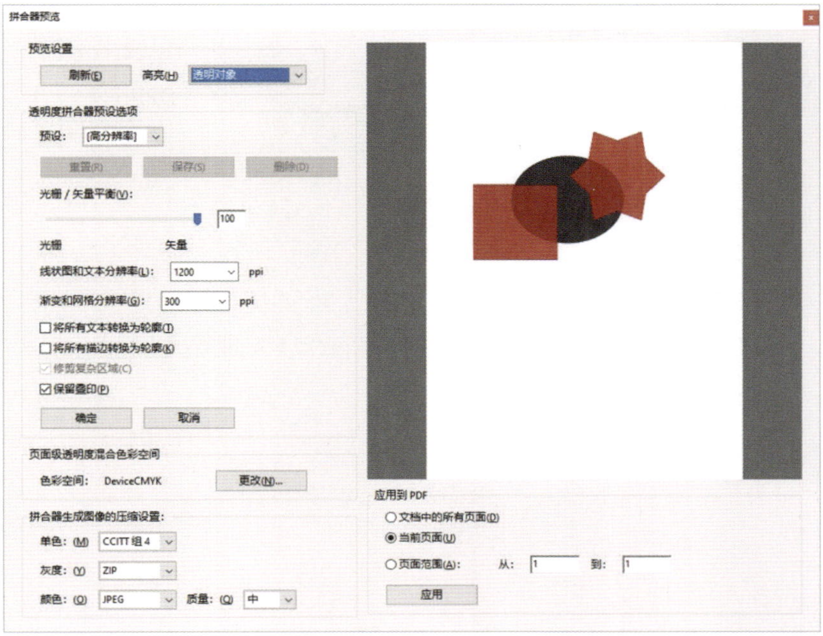

图 1-14　拼合 PDF 文档页面透明对象

彩插 3

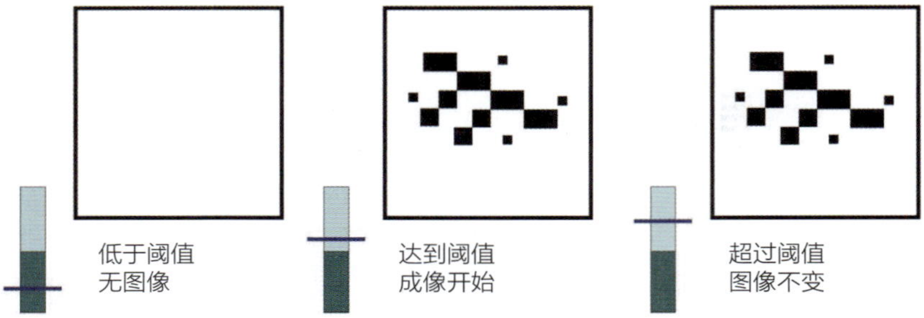

图 2-12　热敏成像技术特点

彩插 4

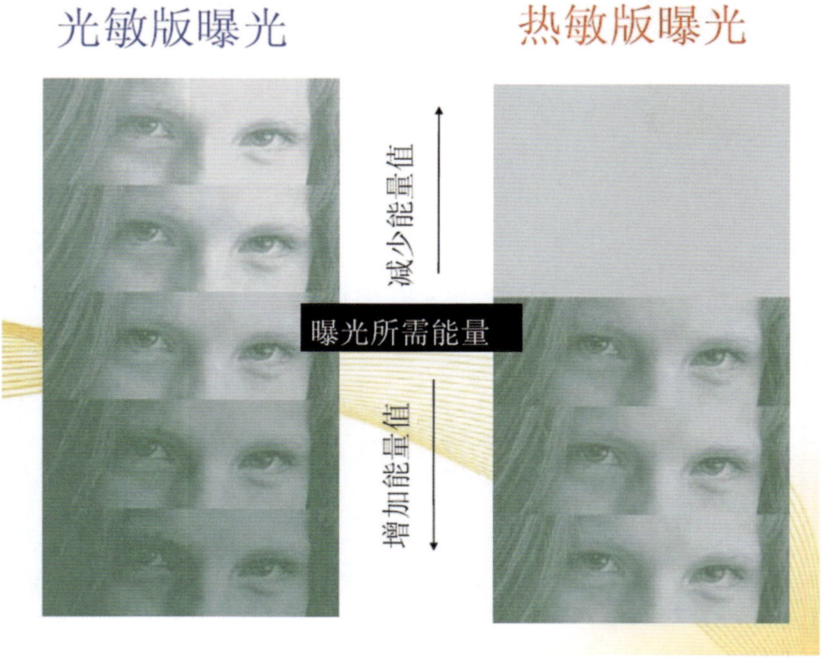

图 2-13　光敏和热敏曝光累积效应的对比

彩插 5

图 3-9　未添加平衡墨色条的包装拼版示意图

彩插 6

图 3-10　添加平衡墨色条后的包装拼版示意图